NZZ Libro

Benedikt Weibel

Simplicity –

die Kunst, die Komplexität
zu reduzieren

Verlag Neue Zürcher Zeitung

Bibliografische Information der Deutschen Nationalbibliothek

Die Deutsche Nationalbibliothek verzeichnet diese Publikation in der Deutschen Nationalbibliografie; detaillierte bibliografische Daten sind im Internet über http://dnb.d-nb.de abrufbar.

3. Auflage 2015

Umschlag: TGG, Hafen Senn Stieger, St. Gallen
Gestaltung, Satz: Gaby Michel, Hamburg
Druck, Einband: freiburger graphische betriebe, Freiburg i. Br.

ISBN 978-3-03810-047-8

www.nzz-libro.ch
NZZ Libro ist ein Imprint der Neuen Zürcher Zeitung

FSC
www.fsc.org
MIX
Papier aus verantwortungsvollen Quellen
FSC® C106847

Simplex veri sigillum.
Die Einfachheit ist das Siegel des Wahren.
Seneca

Inhalt

1. Der weisse Tod 11
Der Lawinenpapst und die Reduktionsmethode. Wenige Faktoren erklären viel. Erklärungsmodelle auf möglichst wenige Faktoren beschränken. Ockhams Rasiermesser. Experten gegen Algorithmen. Der Fluch des Wissens. Das Pareto-Prinzip. Das Zipfsche Gesetz. Das Gesetz des abnehmenden Grenznutzens. Einfache, komplizierte und komplexe Probleme. Vertrauen reduziert Komplexität. Mustererkennung als Schlüsselkompetenz.

2. Von Feuerwehrkommandanten lernen 31
Verhalten in Extremsituationen. Intuition. Gespeicherte Muster. Das Muster von Aktionspotenzialen. Die Strukturtheorie von Sigmund Freud. Der Kognitionspsychologe Eric Kandel. Die Reduktionsmethode. Ein schwieriges Problem durch ein einfacheres ersetzen. Mustererkennung als fundamentaler Baustein des Erkenntnisprozesses. Gesichtsausdrücke als Muster für unsere Empfindungen. Das Gesetz der wenigen. Das Muster für überdurchschnittliche Leistungen. Fokusangst.

3. Surreal und schön 51
Ist Gott ein Mathematiker? Heureka. Platons idealer Staat. Mathematik ist Suche nach Mustern. Zahlenmonster reduzieren. Taxicab-Zahlen. Das Rätsel der Primzahlen. Kryptische Randnotizen. Fermats letzter Satz. Die Millennium-Probleme. Der Mozart, der Chopin und der Popstar der Mathematik. Der Beweis der Poincaré-Vermutung. Codeknacker. Mathematiker gewinnen den Krieg. Algorithmen. Mathematisches Design der Natur. Die Formel aller Formeln.

4. Lakonisch schlägt geschwätzig 73
Kurz ist aufwendiger als lang. Brevitas in der Rhetorik. Lakonie ist karg und reich. Amerikanische Short-Story-Autoren. Hemingways Eisbergtheorie. Ästhetik des Unterlassens. Kampf gegen Satzkaskaden. Weg mit dem Ornament. Die Bauhaus-Kultur. Echte Künstler vereinfachen. Zen oder die Kunst der Präsentation. Der Fahrstuhltest. Die Reduktion auf eine Botschaft. Die Macht einer Geschichte. Perfektion heisst Reduktion.

5. Ein Werkzeug für Piloten, Ärzte und Manager 87
Checkliste anstatt umfassender Manuals. Menschen machen Fehler. Chirurgen vermindern die Fehlerquote. Checklisten in der Fliegerei. Die Qualität einer guten Checkliste. Checklisten in Spitälern. Die Erarbeitung der WHO-Checkliste. Die Schwierigkeit, Checklisten durchzusetzen. Die enorme Wirkung von Checklisten. Take the extra five minutes.

6. Die grosse Flut 103
Statistik schlägt Experte. Mathematische Methoden zur Mustererkennung. Moores Gesetz. Von der Datenflut zu Big Data. Die Umwälzungen aufgrund von Big Data. Korrelation ersetzt Kausalität. Nutzen, Grenzen und Illusionen von Big Data. Kausalität ist unverzichtbar. Die NSA dämpft die Euphorie. Digitale Friedhöfe.

7. Le coup d'œil 117
Der Blick auf das Wesentliche. Der Bürgermeister von Mogadischu. Der CEO von Continental Airlines. Die Ikone einer neuen Generation von Frauen. Ein genialer Fussball-Trainer. Arten von Intelligenz. Das Schachspiel als Laboratorium für die Intelligenzforschung. Theorie der Chunks. Das Muster für erfolgreiche Führung. Hindernisse auf dem Weg zur Einfachheit. Wider das Giesskannenprinzip. Es verdriesst die Menschen, dass das Geniale so einfach ist.

8. Auf den Punkt kommen 137
Die Macht, Hebelpunkte zu erkennen. Reduktionismus als allgemeines Lebensprinzip. Lernen, Muster zu erkennen. Anleitungen zur Einfachheit. Recherchieren, Strukturieren, Interpretieren von Fakten. Assoziation und Ablenkung. Ein Gedankenexperiment. Der Bullshit-Index. Die einfache Organisation. Wider die Bürokratie. Arbeitsorganisation. Prioritäten setzen. To-Do-Liste für den Weg zur Einfachheit.

Zu guter Letzt 153
Anmerkungen 155
Literatur 167
Personen- und Sachverzeichnis 170
Dank 175

1. Der weisse Tod

«Das mache nun mal den Homo sapiens aus,
Mustererkennung, sagte er.» *William Gibson*

Vier Tage lang schneite es ohne Unterbruch. Am 23. Februar 1999 lagen im hinteren Paznauntal im Westen von Österreich vier Meter Neuschnee. Dort, wo heftige Stürme zu Triebschneeansammlungen geführt hatten, war die Neuschneedecke noch viel höher. Um 16 Uhr ging in Galtür eine Lawine ab, wie man sie noch nie gesehen hatte. Mit einer ungeheuren Zerstörungskraft, begleitet von einer 100 Meter hohen Staubwolke, stürzten die Schneemassen ins Tal. Um Mitternacht und am Nachmittag des nächsten Tages kam es zu zwei weiteren Lawinenabgängen. Die Schadensbilanz war verheerend. 38 Todesopfer, 48 Verletzte, 60 Gebäude schwer beschädigt, 100 Autos zerstört.

Was als Lawinenwinter 1999 in die Geschichte eingegangen ist, begann mit mehreren Nordweststaulagen, begleitet von heftigen Schneefällen im gesamten Alpenraum. Erstmals wurde während mehrerer Tage die höchste Gefahrenstufe 5 ausgelöst. Ganze Talschaften waren von der Umwelt abgeschlossen. Trotz aller Prävention löschten Jahrhundertlawinen nicht nur in Galtür, sondern auch in Chamonix, Evolène und Lavin zahlreiche Menschenleben aus. Die Schadensumme betrug mehrere Hundert Millionen Euro.

Die enormen Schäden des Lawinenwinters 1999 haben der Lawinenforschung neuen Auftrieb gegeben. Die Lawine ist ein anschauliches Beispiel für das, was man eine Diskontinuität nennt. Wind, Temperaturen und Schneefall führen zu permanenten Veränderungen einer Schneedecke. Irgendein Hebel löst schliesslich die Lawine mit ihrem zerstörerischen Potenzial aus.

Im Skigebiet der Alpe d'Huez, am Pic du Lac Blanc, haben französische Forscher nach der mathematischen Formel gesucht, mit der sich nicht nur der Lawinenabgang, sondern auch dessen Ausmass berechnen lassen.[1] Auf 2900 Meter Höhe errichteten sie eine Modellanlage, mit der sie Lawinenniedergänge simulierten. Sie arbeiteten nur nachts, weil die Sonne die Schneekristalle zu sehr verändern würde. Da liegt der Kern des Problems. Die Varietät von Schneekristallen ist unendlich gross. Sonne, Wind und Wärme verändern sie pausenlos. Damit ist auch der Reibungswiderstand, der für das Auslösen einer Lawine entscheidend ist, eine sich permanent verändernde Grösse. Die Forscher kamen zum Schluss, dass es drei Faktoren sind, die für die Zerstörungswirkung einer Lawine entscheidend sind: Hangneigung, Reibungskräfte und Geschwindigkeit. Davon ist allerdings nur die Hangneigung ohne Probleme messbar. Um die Reibungskräfte einschätzen zu können, muss man Schneeprofile freilegen und interpretieren.

Jahrzehntelang gehörte das Freilegen von Schneeprofilen zum Standard der Lawinenausbildung. In der Realität war das Verfahren allerdings kaum praktikabel. Schneeprofile können selbst auf engstem Raum unterschiedliche Ausprägungen haben. Auf einer Skitour müsste man für jeden Hang mit einer sich ändernden Exposition einen Schneekeil graben. Mehr graben als gehen. Deshalb hat kaum jemand das in den Kursen Gelernte angewandt. Wie seit eh und je hat man sich in der Praxis auf die Intuition verlassen.

Trotz der grossen Komplexität ist das System Schnee immerhin klar definiert. Seine Parameter können beobachtet und gemessen werden. In ganz andere Dimensionen stossen wir vor, wenn wir von Wetter und Klima sprechen. Der Begründer der Chaostheorie, Edward N. Lorenz, entwickelte ein meteorologisches Modell mit zwölf Variablen. Durch einen Zufall fand er heraus, dass seine Modellrechnungen zu unerwarteten Ergebnissen führten, obwohl er, wie er meinte, die gleichen Ausgangswerte eingegeben hatte. Bei der Überprüfung des Vorgangs stellte er fest, dass die Ausgangswerte von ursprünglich sechs Stellen nach dem Komma auf drei Stellen gerundet waren. Eine minimale Veränderung der Ausgangswerte führte zu völlig anderen Modellergebnissen. Lorenz illustrierte den Sachverhalt mit dem mittlerweile berühmt gewordenen Bild, dass der Flügelschlag eines Schmetterlings in Brasilien einen Tornado in Texas auslösen kann. Diese Erkenntnis stellte sein gesamtes Wettermodell infrage und führte zum Schluss, dass das Verhalten komplexer Systeme nicht vorhersehbar ist.[2]

Tausende Forscher beschäftigen sich mit dem Klima. In den Assessment Reports des IPCC (Intergovernmental Panel on Climate Change) wird dieses gesammelte Wissen auf Hunderten von Seiten zusammengefasst. Es ist eine Auseinandersetzung um Wahrscheinlichkeiten zwischen Überzeugungstätern, Skeptikern und nüchternen Wissenschaftlern. Umso erstaunlicher, dass es im Wesentlichen nur vier Faktoren sind, die das Weltklima während der Erdgeschichte immer wieder fundamental verändert haben: Sonnenaktivität, Vulkantätigkeit, Strömungen in den Ozeanen und der CO_2-Ausstoss. Dazu kommen als Ergebnis der jüngeren Forschung noch zwei besonders unsichere Faktoren: die Wolken und Aerosole (Staubpartikel). Der Nutzen eines solchen Musters liegt in seiner Praktikabilität. Jeder dieser Faktoren ist ein potenzieller Hebel, der eine Situation zu verändern vermag. Im Falle des Klimas ist allerdings nur der CO_2-Ausstoss vom Menschen beeinflussbar. Kein Wunder, dass sich die Klimadebatte auf diesen Faktor konzentriert.[3]

Die Reduktion komplexer Tatbestände auf wenige, aber entscheidende Faktoren ist ein Thema, das die grossen Denker seit Jahrtausenden beschäftigt. Die Aussage «entia non sunt multiplicanda praeter necessitatem» wird dem englischen Scholastiker Wilhelm von Ockham[4] zugeschrieben. In einer freien Übersetzung heisst das Zitat, man solle sich in Erklärungsmodellen auf möglichst wenige Faktoren beschränken. Dieses methodologische Prinzip hat zu verschiedenen Interpretationen geführt. Man solle bei der Auswahl oder Konstruktion einer Theorie immer die einfachste auswählen. Man solle eine geringe Anzahl von Grundkategorien auswählen. Beweise sollten möglichst kurz gehalten werden.

Die Maxime des Scholastikers aus dem 14. Jahrhundert wurde mit dem bildhaften Ausdruck *Ockhams Rasiermesser* verewigt: Suche das Wesentliche und schneide alles andere mit dem Rasiermesser ab.[5]

Der Pionier, der in der Frage des Umgangs mit Lawinen zu Ockhams Rasiermesser griff, heisst Werner Munter.[6] Noch nicht 20 Jahre alt, hatte er sämtliche Viertausender im Kanton Bern im Alleingang bestiegen. Mit der Begründung, man möchte nicht an seinem Begräbnis teilnehmen, schloss ihn der Schweizer Alpen-Club aus seinen Reihen aus. Munter studierte Geschichte, Psychologie, Germanistik und machte seinen Universitätsabschluss in Philosophie. Seine eigentliche Berufung fand er aber als Bergführer. Schon früh fiel er als genialer Tüftler auf. Mit seiner *Munter-Bremse* war ihm in den 1970er-Jahren der Durchbruch zur dynamischen Seilsicherung am Berg gelungen. Wir waren damals zusammen Aspiranten im Bergführerkurs. Unsere Klassenlehrer, alles herausragende Alpinisten, waren skeptisch gegenüber Neuerungen. Sie schworen auf die klassische statische Schultersicherung. Ein Test sollte zeigen, welche Methode besser war. Als Erster band sich der Bergführeraspirant Felice, Adjutant an der Gebirgskampfschule und einer der besten Kletterer im Kurs, am Standplatz fest. Er sicherte über seine Schulter, als der mit Steinen beschwerte, 80 Kilogramm wiegende Autoreifen abgeworfen wurde. Die Wucht des Sturzes liess ihn an die Wand schnellen, sein Kinn platzte auf, der Standplatz sah aus wie ein Schlachthof. Nachdem ihn der Helikopter abtransportiert hatte, begab sich Werner Munter auf den blutverschmierten Sicherungsplatz. Mit seinem Rauschebart mit weissen Einsprengseln glich er grossen Bergführern aus der klassischen Zeit des

Alpinismus. Er strahlte auch deren Ruhe aus. Es war totenstill, als der Reifen ein zweites Mal fiel. Dank dem kontrollierten Seildurchlauf wurde Munter nicht einmal in die Standsicherung gerissen. Es war das einzige Mal, dass ich im Gebirge einen tosenden Applaus erlebte. Damit war die Diskussion entschieden. Als wir am nächsten Tag wieder im Fels waren, brach mir in der Wand ein Block weg, und ich stürzte. Mein Seilschaftspartner sicherte mit der Munter-Bremse und hielt den Sturz ohne Probleme. Heute gehört die dynamische Seilsicherung zum Einmaleins des Bergsports. Sie hat unzählige Menschenleben gerettet. Auch mein eigenes.

Werner Munters Faszination für Lawinen ging so weit, dass er das Schicksal herausforderte, um Eigenerfahrungen in Lawinenabgängen zu erwerben. Er erzählt, dass es schon zwei Stunden braucht, um sich selber aus einer Lawine zu befreien. Als Bergführer instruierte er in Lawinenkursen das übliche Schneeprofil-Verfahren, das damals als die wissenschaftliche Methode galt. Das habe ihn innerlich zerrissen, weil er spürte, dass dieser Weg in die Irre leitet. Seine intensive Beschäftigung mit dem Phänomen Lawine führte ihn zur Erkenntnis, dass man Lawinenabgänge als zufällige Ereignisse begreifen muss. Er begann sich intensiv mit dem Phänomen des Zufalls und mit Wahrscheinlichkeiten zu beschäftigen. Er suchte nach Wegen, den Zufall zu überlisten. Nicht absolute Sicherheit könne das Ziel sein, sondern maximale Risikoreduktion. Das sei eine wissenschaftliche Fragestellung. Man müsse dafür die Gesetze der Wahrscheinlichkeitsrechnung anwenden. Voraussetzung dafür ist eine genügend grosse Datenbasis. Die ist glücklicherweise vorhanden. Seit 1940 sind die Lawinenunfälle in der Schweiz ausführlich dokumentiert.

Munter analysierte Hunderte von Lawinenunfällen und kam zum Schluss, dass es fünf Schlüsselvariablen sind, welche die Wahrscheinlichkeit einer Lawine beeinflussen. Die erste ist die Gefahrenstufe, die von vier Einflussgrössen abhängt: Niederschlag, Wind, Schneedeckenaufbau und Temperatur/Strahlung.

Verantwortungsträger müssen in der Lage sein, eine lokale Gefahrenstufe selbstständig und eigenverantwortlich zu beurteilen. Die zweite Variable ist die Hangneigung. Ab 30 Grad wird es richtig gefährlich. Die dritte Variable ist die Exposition eines Hanges. Nordseitig gelegene Schattenhänge sind besonders gefährdet. Spuren im Hang, das ist die vierte Variable, reduzieren das Risiko. Die fünfte und letzte Variable betrifft die Grösse der Gruppe. Wenn kleine Gruppen aufsteigen und grosse Abstände eingehalten werden, vermindert sich das Risiko. Für die ganzheitliche Beurteilung einer Lage wird die Formel 3 × 3 angewandt, welche die drei Kriterien Verhältnisse, Gelände und Mensch auf den drei geografischen Ebenen regional, lokal und zonal beurteilt. Aufgrund dieses einfachen Musters lassen sich die Entscheide über die Ausführung einer Tour und die Routenwahl mit vertretbarem Zeitaufwand beurteilen.

Die *Reduktionsmethode* von Werner Munter verzichtet auf den Blick in den Schnee.[7] Das ist ein eigentlicher Paradigmenwechsel. Bis die neue Sicht breite Anerkennung fand, musste Munter jahrelang kämpfen. Die Lawinenexperten waren weltweit auf die sogenannte wissenschaftliche, auf Schneeprofilen beruhende Methode eingeschworen. Weil Munter von den Geisteswissenschaften her kam, qualifizierten ihn die naturwissenschaftlich geschulten Experten als querulierenden Laien. Interdisziplinarität, meint Munter aufgrund dieser Erfahrungen, sei ein schönes Schlagwort, finde in der Realität aber in keiner Weise statt. Erst als er zunehmend als Zweitexperte bei Gerichtsfällen im Zusammenhang mit Lawinenunfällen beigezogen wurde, begann sich die Ablehnung in Skepsis und schliesslich in breite Anerkennung zu wandeln. Die 3 × 3-Reduktionsmethode von Munter ist heute allgemeiner Standard. Werner Munter wurde zum weltweit anerkannten *Lawinenpapst* und ist heute Ehrenmitglied des Schweizer Bergführerverbandes. Auch der Schweizer Alpen-Club, der ihn einst ausgeschlossen hatte, machte ihn zum Ehrenmitglied.

Die Reduktionsmethode beruht auf der Erkenntnis, dass einige wenige Faktoren eine überproportionale Auswirkung auf das Risiko haben. So stellte Munter aufgrund seines Datenmaterials fest, dass sich mit einem Verzicht von einem Prozent der geplanten Touren 40 Prozent der Lawinentoten vermeiden lassen. Noch grösserer Verzicht senkt indessen das Risiko nur noch unerheblich, weil man sich im unvermeidbaren Bereich des Restrisikos bewegt. Die praktischen Auswirkungen des Paradigmenwechsels sind enorm. Seit die Reduktionsmethode systematisch gelehrt wird, hat sich die Zahl der Lawinenunfälle halbiert.

Heute lebt Werner Munter zurückgezogen im Val d'Hérens im Unterwallis. Dort erlebte er den Lawinenwinter 1999 hautnah mit. Er befand sich im Nachbardorf von Evolène, wo eine fürchterliche Lawine am 21. Februar zwölf Menschenleben auslöschte. Munter wurde in eine Notunterkunft evakuiert, wo er das Drama aus der Nähe verfolgte. Jahre später meint er, es gäbe auf der ganzen Welt keinen Lawinenexperten, der diesen Vorfall erklären könne. Eine wesentliche Rolle hätten Temperaturanstiege, verbunden mit Regenfällen zwischen den Neuschneeperioden, gespielt. Es bleibe für ihn ein Rätsel, weshalb man aufgrund dieser Faktenlage den Gemeindepräsidenten von Evolène wegen fahrlässiger Tötung verurteilt habe. Evolène sei ein Ereignis, das nur alle 300 Jahre vorkomme, und da sei es abwegig, Schuldige suchen zu wollen. Tatsächlich stellt ein nach dem Gerichtsurteil publizierter Bericht des Eidgenössischen Instituts für Schnee- und Lawinenforschung fest, dass der Schneehöhenverlauf nicht auf einen bevorstehenden Lawinenabgang schliessen liess. Das Gutachten kommt zum Schluss, dass ein Restrisiko nie vermieden werden kann. Es gehe deshalb um einen risikobasierten Umgang mit Lawinen.[8] Das war nichts anderes als die Zertifizierung von Munters Reduktionsmethode.

Die Frage nach den Schuldigen wurde auch nach der Katastrophe von Galtür gestellt. Anders als im Fall von Evolène beurteilte die Staatsanwaltschaft von Innsbruck die Ereignisse als Folge höherer Gewalt und sah von Ermittlungen ab. Aufgrund von Anzeigen musste sie dann doch tätig werden. Schliesslich wurden aber alle Verfahren eingestellt, und es kam zu keinen Verurteilungen.

Werner Munter hat jahrelang gegen die Experten gekämpft. Der mit einem Nobelpreis ausgezeichnete Psychologe Daniel Kahneman hat über die Qualität von Expertenurteilen geforscht. Sein Untersuchungsobjekt waren Wall-Street-Experten für Kapitalanlagen. Er meint, über die Jahre hätten sich seine Fragen über den Aktienmarkt immer mehr zu einem Rätsel verdichtet. Er kam zum Schluss, dass die ganze Branche einer *Kompetenzillusion* erlegen sei.[9] Arbeiten einiger seiner Kollegen bestätigen diesen Befund. Aktive Händler erzielten wesentlich schlechtere Ergebnisse als passive Anleger. Experten mit dem grössten Wissen liefern oft wenig zuverlässige Voraussagen. Diese Kompetenzillusion, so Kahneman, sei tief in unserer Kultur verwurzelt. Deshalb würden Tatsachen, die Grundannahmen infrage stellten, ausgeblendet. In seinem Buch *Schnelles Denken – Langsames Denken* geht Kahneman ausführlich auf die Studien seines Kollegen Paul Meehl ein.[10] In zwanzig Studien eruierte Meehl, ob klinische Vorhersagen von Experten auf der Basis subjektiver Eindrücke oder statistische Aussagen, die auf wenigen Faktoren beruhen, zutreffender sind. Sein Befund war überraschend: ein einfacher statistischer *Algorithmus* (s. Kapitel 4), der nur einen Bruchteil der Experteninformation benutzt, führt zu signifikant besseren Ergebnissen als die Expertenurteile.

Der Ökonom Orley Ashenfelter ist ein Liebhaber von Bordeauxweinen. Er hat seine Passion dazu benutzt, *Meehl-Muster* zu testen. Bordeauxweine sind beliebte Spekulationsobjekte. Ihre Preise können je nach Jahrgang bis um das Zehnfache variieren. Die Aussichten eines Jahrgangs werden üblicherweise von Experten beurteilt. Ashenfelter hat einen simplen Algorithmus zur Vorhersage des Preises eines Jahrgangs entwickelt, der auf nur drei Faktoren beruht: Durchschnittstemperatur während der sommerlichen Wachstumsperiode, Niederschlagsmenge während der Erntezeit und Gesamtniederschlag im vorherigen Winter. Er konnte nachweisen, dass seine einfache Formel signifikant bessere Prognosewerte erzielte als die Expertenurteile.[11]

Die Ergebnisse dieser Studien widersprechen dem gesunden Menschenverstand. Sie erregten Aufsehen, führten hier und dort zu Empörung und warfen vor allem Fragen auf. Warum ist ein Algorithmus mit so wenigen Faktoren zuverlässiger als das Urteil von Experten mit jahrelanger Erfahrung? Eine Erklärung verweist auf die Fülle des Wissens von Experten. Kahneman hat nachgewiesen, dass die schiere Informationsmenge zu inkonsistenten Aussagen führt.[12] Selbst die Urteile des gleichen Experten variieren im Zeitablauf. Die Gebrüder Chip und Dan Heath haben dafür einen Begriff geprägt: *The Curse of Knowledge* – der Fluch des Wissens.[13] Das ist freilich nichts anderes als ein neuer Begriff für eine altbekannte Redewendung: «Vor lauter Bäumen den Wald nicht mehr sehen.» Das Phänomen, dass sich Experten im Detail verlieren, ist also nicht neu. Es gibt nach Kahneman noch eine andere, recht banale Erklärung für die Unterlegenheit von Expertenurteilen: Experten werden oft überschätzt, sie wissen weniger, als man annimmt.[14] Nach dem atomaren GAU in Fukushima wurde unter dem Titel «Das Drama der Experten» ein Professor für Atomphysik zitiert. Knapp drei Jahre vor dem Ereignis schätzte er die Wahrscheinlichkeit einer radioaktiven Verseuchung auf ein Ereignis pro einer Milliarde Jahre.[15]

Nicht alle beurteilen die Fähigkeiten von Experten so negativ. Der amerikanische Psychologe Gary Klein, in verschiedener Hinsicht ein intellektueller Gegenspieler von Kahneman, misst den Experten die Fähigkeit zu, das «Prototypische» einer Situation zu erkennen und zu beurteilen. Sie liessen sich nicht wie Neulinge durch viele Einzeldaten verwirren und seien daher in der Lage, «das grosse Bild» zu sehen.[16]

Lawine, Klima, Bordeauxweine, all diese Beispiele haben eine Gemeinsamkeit. Es handelt sich um komplexe Phänomene mit unzähligen Variablen. Offensichtlich haben nicht alle Variablen den gleichen Einfluss auf das Geschehen, einige wenige haben einen überproportional hohen Erklärungsgehalt. Die Computermodelle, die den Klimawandel abbilden, werden immer detaillierter. Ein Mehr an Details führt aber nicht zu präziseren Prognosen, sondern erhöht tendenziell die Unschärfe. Dies zu erklären, ist eine der grössten Herausforderungen für die Klimaforscher.

Der italienische Ökonom Vilfredo Pareto hat im 19. Jahrhundert den Zusammenhang von Variablen statistisch untersucht. Er hat nachgewiesen, dass diese Variablen in vielen Fällen ungleich verteilt sind: 80 Prozent des Landes in Italien gehören 20 Prozent der Bevölkerung. 80 Prozent der Vermögen gehören 20 Prozent der Einwohner. Die grundlegende Erkenntnis von Pareto ist die asymmetrische Verteilung von Variablen. Dieses Phänomen findet sich nicht nur in sozialen Systemen, sondern auch in der Natur. So hat Pareto festgestellt, dass in seinem Garten 20 Prozent der Pflanzen 80 Prozent der Erbsenernte hervorgebracht haben. Auf die gleiche Asymmetrie stösst man, wenn man die Verteilung von Wasser, von seltenen Erden oder von Öl in der Welt betrachtet. Pareto hat mit seinen Untersuchungen den Anstoss zur Erforschung der Ungleichheit (je nach Optik auch: der Ungerechtigkeit) als universelles Phänomen gegeben.[17]

Der amerikanische Linguist George Kingsley Zipf untersuchte die Häufigkeit des Gebrauchs einzelner Wörter in verschiedenen Sprachen. Er rangierte die Wörter nach der Häufigkeit ihres Gebrauchs und zählte die Anzahl ihrer Nennungen. Er stellte fest, dass das Produkt aus Rang und Häufigkeit der Nennung annähernd konstant bleibt. Dieser Zusammenhang ist als *Zipfsches Gesetz* bekannt. Der ehemalige Derivatehändler und heutige Professor für Risk-Engineering und Bestsellerautor Nassim N. Taleb weist darauf hin, dass es sich dabei nicht um ein eigentliches Gesetz handelt, sondern lediglich um eine andere Betrachtungsweise des Ungleichheitsprozesses.[18]

Mathematisch ausgedrückt bildet sich diese Ungleichheit in einer nichtlinearen Summenhäufigkeitskurve ab (s. Abb. 1). Solche nichtlinearen Beziehungen werden auch *Power Laws* oder *Potenzgesetze* genannt. Die Bedeutung der Nichtlinearität für den Gang der Welt steht im Zentrum des Bestsellers von Taleb *Der Schwarze Schwan*, von der *Sunday Times* unter die zwölf einflussreichsten Bücher seit dem Zweiten Weltkrieg gewählt. Im Gegensatz zur nichtlinearen oder asymmetrischen Verteilung ist die Glockenkurve eine symmetrische Verteilung mit dem Durchschnitt auf der Symmetrieachse. Taleb nennt die Glockenkurve den «grossen intellektuellen Betrug», weil sie grosse Abweichungen ignoriere.[19] Er erläutert das anhand eines Beispiels: Zwei zufällig ausgewählte US-Bürger verdienen zusammen eine Million Dollar im Jahr. Bei einer gleichmässigen Verteilung nach der Glockenkurve wäre die wahrscheinlichste Verteilung je ungefähr eine halbe Million Dollar. Wahrscheinlicher ist aber in der Realität eine Verteilung von 50 000 und 950 000 Dollar. Bei grossen Summen, so Taleb, werde die Aufgliederung immer asymmetrischer.[20] Der schlimmste Fehler sei die Verwendung von Glockenkurven als Instrument für die Messung von Risiken. Taleb hat seinen *Schwarzen Schwan* 2007 geschrieben und auf die Mängel der damals als unfehlbar betrachteten Value-at-Risk-Methode hingewiesen.[21] Ein Jahr später hat die weltweite Finanzkrise seiner Aussage prophetischen Charakter verliehen.

In seinem Buch *Das 80/20 Prinzip* nennt Richard Koch weitere Beispiele von asymmetrischen Verteilungen: 20 Prozent der Buchtitel machen 80 Prozent des Umsatzes; 20 Prozent der Defekte machen 80 Prozent der Qualitätsprobleme; 20 Prozent der Produkte machen 80 Prozent der Gewinne; 20 Prozent der Bevölkerung verbrauchen 80 Prozent der Energie; 20 Prozent der Bevölkerung verursachen 80 Prozent der Gesundheitskosten.[22]

Alle Untersuchungen der Ungleichheit kommen zum gleichen Schluss. In komplexen Situationen mit vielen Variablen sind die Variablen nicht gleichgewichtig. Je grösser die Summe dieser Variablen, desto asymmetrischer wird ihre Verteilung. Es sind immer nur wenige, aber wichtige Variablen, die einen besonders starken Einfluss haben. Im populärwissenschaftlichen Gebrauch haben sich für dieses Phänomen die Begriffe *Pareto-Prinzip* und *80/20-Regel* durchgesetzt. Wie beim Zipfschen Gesetz weist Taleb darauf hin, dass es sich dabei nicht um eine präzise quantitative Regel oder gar ein Gesetz im naturwissenschaftlichen Sinn handelt, sondern um eine Metapher für das Phänomen der Ungleichheit.[23] In diesem Sinne sind weder die 20 noch die 80 zum mathematischen Nennwert zu nehmen. Erstaunlich ist, dass sich die Rede vom 80/20-Prinzip durchgesetzt hat. Ich ziehe die Umkehrung 20/80 vor, weil sie der Logik von Ursache und Wirkung Rechnung trägt.

Pareto und seine Nachfolger haben ihre Erkenntnisse aufgrund von empirischen Studien gewonnen. Etwas früher als Pareto ist ein deutscher Ökonom dem gleichen Phänomen von einer ganz anderen Seite her auf die Spur gekommen. 1854 publizierte Hermann Heinrich Gossen sein Werk *Entwicklung der Gesetze des menschlichen Verkehrs und der daraus fliessenden Regeln für menschliches Handeln,* das von seinen Zeitgenossen allerdings kaum zur Kenntnis genommen wurde. Erst drei Jahrzehnte nach Erscheinen wurde es durch einen Zufall entdeckt. Gossen wurde zum Begründer der *Grenznutzenschule in der Ökonomie*. Die beiden *Gossenschen Gesetze* sind noch heute jedem Volkswirtschaftsstudenten ein Begriff. Das erste Gossensche Gesetz besagt, dass für ein beliebig teilbares Gut der Grenznutzen mit einer zunehmenden Menge abnimmt. Gossen illustriert das Gesetz mit dem durstigen Wanderer, der endlich dazu kommt, Wasser zu trinken. Der erste Schluck verleiht den höchsten Genuss, bei jedem weiteren Schluck nimmt der Genuss ab.[24]

Heute wird der praktische Effekt des Gesetzes des abnehmenden Grenznutzens mit dem bildhaften Wort *Low-hanging-fruit-*

Effekt umschrieben. Das ist eine positive Interpretation von Ockhams Rasiermesser: «Pflücke zuerst die tief hängenden Früchte.»

George Kingsley Zipf nannte es das «Prinzip der geringsten Anstrengung»[25]. Nach diesem Prinzip ist auch die Pharmaindustrie vorgegangen. Die tief hängenden Früchte hat sie längst geerntet. Der Aufwand für die Entwicklung eines neuen Medikaments erhöht sich daher exponentiell, während die Chance der Zulassung sinkt. Es ist eine logische Folge dieses Prozesses, dass jedes Jahr weniger neue Medikamente auf den Markt gelangen.[26]

Nehmen wir an, ein Land plane die Errichtung eines Netzes für den Hochgeschwindigkeitsverkehr. Dieses Netz setzt sich aus verschiedenen Teilstücken zusammen. In einem rationalen Prozess wird in einer ersten Phase das Teilstück mit dem grössten Nutzen gebaut. Mit jedem zusätzlichen Teilstück sinkt der zusätzliche Nutzen. Wenn wir auf der Abszisse einer Grafik die Kosten eintragen und auf der Ordinate den Nutzen, so erhalten wir eine Kurve der Summenhäufigkeit, die der Pareto-Kurve entspricht.

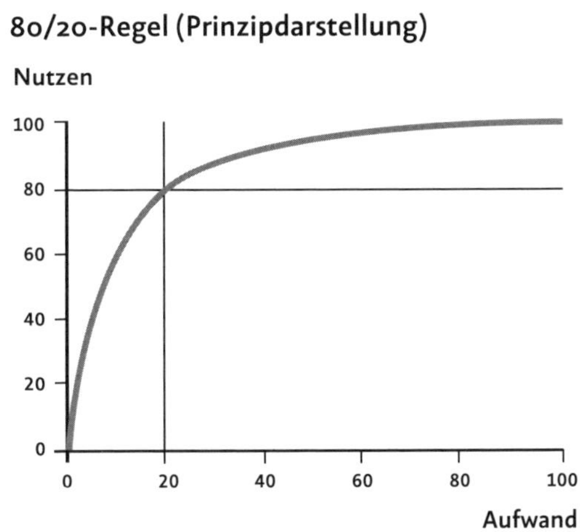

Abb. 1: Die Pareto-Kurve bzw. das Gesetz des abnehmenden Grenznutzens – eine nichtlineare Summenhäufigkeitskurve.

Eine komplexe Situation ist immer durch eine Vielzahl von intervenierenden Variablen geprägt. Sowohl das Pareto-Prinzip als auch die Grenznutzenlehre führen zum gleichen Schluss: Einige wenige dieser Variablen haben einen überdurchschnittlich hohen Einfluss. Somit ist die Aufgabe klar: Es gilt, in einer Analyse diese wenigen, aber entscheidenden Variablen herauszufiltern. Am Anfang jeder Problemlösung steht die *Lageanalyse*. Lageanalyse bedeutet *Mustererkennung*. Wenn das Muster einer Problemstellung offengelegt ist, sind auch die *Aktionspotenziale* definiert. Deshalb, meint der grosse Managementlehrer Peter Drucker, sei die Lageanalyse der wichtigste Schritt im Problemlösungsprozess. Wenn ein Problem einmal korrekt definiert sei, sei seine Lösung «pretty easy».[27]

Im Gegensatz zur Volkswirtschaftslehre war in der klassischen Betriebswirtschaftslehre das Prinzip von Ockhams Rasiermesser kaum ein Thema. Erst nachdem sich die Disziplin zu einer immer mehr von den USA beeinflussten Managementlehre entwickelte, wurde das Thema aufgegriffen. «Fokus auf die Kernkompetenz» wurde zu einem universellen Schlagwort. In der Konsequenz wurde das Outsourcing der nicht zu den Kernkompetenzen gehörenden Tätigkeiten zum Programm. Fredmund Malik formuliert «Konzentration auf Weniges» als einen der höchsten Grundsätze der Unternehmungsführung. Er meint, dass dieser Grundsatz überall wichtig sei, im Management sei er aber der Schlüssel zum Ergebnis.[28]

Bei den oben erwähnten Beispielen war die statistische Analyse das Instrument, um die Schlüsselvariablen zu bestimmen. Oftmals sind aber komplexe Situationen einer statistischen Analyse nicht zugänglich, weil die Variablen nur beschränkt oder überhaupt nicht quantifizierbar sind. Koch stellt daher der «80/20-Analyse» das «80/20-Denken» gegenüber.[29] Im Gegensatz zur quantitativen exakten Analyse ist das Denken qualitativ und unscharf. Wie wir sehen werden, spielen dabei die Intuition, das Abstraktionsvermögen und die Fähigkeit zur Synthese eine wesentliche Rolle. An die Stelle einer mathematischen Analyse tritt eine *Faustregel* oder gelehrter ausgedrückt eine *Heuristik*.[30]

Der preussische General Carl von Clausewitz gilt als Begründer der militärischen Lehre von der Strategie. Er bezeichnet die Fähigkeit, aus einer unübersehbaren Menge von Gegenständen und Verhältnissen die wichtigsten herauszufinden, als «coup d'œil».[31] Er hatte den General im Auge, dessen Entscheid von seinen eigenen Truppen, den Truppen des Gegners, den Geländebedingungen und den äusseren Bedingungen abhängig war. «Le coup d'œil», meint von Clausewitz, sei eine Kunst jenseits der Wissenschaft, der Logik und der Mathematik. Daniel Goleman, ein amerikanischer Psychologe, hat mit seinem Konzept der *Emotionalen Intelligenz* Furore gemacht. Er nennt die Eigenschaft, das grosse Ganze sehen zu können, «big picture thinking». Diese Fähigkeit zu *«pattern recognition»* mache den Unterschied zwischen einem «star performer» und dem Durchschnitt aus.[32] Die wenig schmeichelhaften Urteile über Experten lassen vermuten, dass übermässiges Detailwissen (der Fluch des Wissens) die Fähigkeit zur Mustererkennung behindert.

Kein Zweifel, die Maxime heisst: «Weniger ist mehr.» Und doch ist es offensichtlich, dass es vielen Menschen schwerfällt, danach zu handeln. Dabei spielt nicht nur die Fähigkeit, das grosse Bild überhaupt zu sehen, eine Rolle. In unserer Kultur ist die Haltung, dass mehr Information und eine grössere Auswahl immer besser sind, tief verwurzelt. In den Wirtschaftswissenschaften geht man indessen davon aus, dass zusätzliche Information kostet. Auch hier gilt das Gesetz des abnehmenden Grenznutzens. Die Bayes'sche Entscheidungstheorie befasst sich mit dieser Problematik. Sie verwendet ein Theorem des englischen Mathematikers Thomas Bayes, um die Menge zusätzlicher Information unter Berücksichtigung von Kosten und zusätzlichem Nutzen zu optimieren.[33]

Wer gemäss der Maxime «Weniger ist mehr» handelt, muss

wissen, dass der Schlüssel für ihre Umsetzung die treffende Bestimmung des «Weniger» ist. Wer auf die falschen 20 Prozent setzt, hat verloren. Zudem muss man sich immer bewusst sein, dass ein erhebliches Restrisiko bestehen bleibt. Die populäre Redewendung «Mut zur Lücke» enthält die Aufforderung, dieses Risiko einzugehen. Nassim N. Taleb bezeichnet das, was wir bei der Vereinfachung weglassen, als «Schwarzen Schwan», einen Begriff, den er bei Karl Popper entlehnt hat.[34] Das Risiko «Schwarzer Schwan» besteht immer. Es ist in der grundsätzlichen Unvorhersehbarkeit der Welt begründet. Auch der Satz: «Man muss die Dinge so einfach wie möglich machen, aber nicht einfacher», der Albert Einstein zugeschrieben wird, weist darauf hin, dass Vereinfachung zwingend, aber nicht risikolos ist.

Der amerikanische Chirurg und wissenschaftliche Autor Atul Gawande, den wir noch näher kennenlernen werden, unterscheidet drei Arten von Problemen: Einen Kuchen nach einem Rezept zu backen, ist ein *einfaches Problem*. Eine Rakete auf den Mond zu schicken, ist ein *kompliziertes Problem*. Das Aufziehen eines Kindes ist ein *komplexes Problem*. Gawande stellt fest, dass sich komplizierte Probleme oft auf eine Reihe einfacher Probleme reduzieren lassen, obwohl viele Faktoren mitspielen.[35] Wer eine Rakete auf den Mond schiessen will oder ein IT-Projekt betreut, kann sich nicht mit einer 20/80-Lösung zufriedengeben. In der Realität zeigt sich indessen, dass bei der Lösung komplizierter Probleme immer wieder elementare Fehler vorkommen, die beispielsweise zu Flugzeugabstürzen oder Infektionskrankheiten führen. Der Grund dafür ist banal: Menschen machen Fehler.

Die wahre Herausforderung sind die komplexen Probleme. Die sind ohne die Konzentration auf wenige, aber entscheidende Elemente nicht zu bewältigen. Ein soziales System ist komplex. Damit setzt sich insbesondere die Soziologie auseinander. Einer ihrer herausragenden Vertreter ist Niklas Luhmann. Er stellt lapidar fest, dass die komplexe Welt ohne eine Vielzahl selektiver

Prozesse nicht zu meistern ist. In seinem bekanntesten Buch *Soziale Systeme* erläutert er die Tatsache, dass die Umwelt sehr viel komplexer ist als das System selbst.[36] Das System kann nicht auf alles, was vorkommt, reagieren. Es braucht daher Sensibilität für Bestimmtes und Insensibilität für alles Übrige. Für Luhmann ist Vertrauen der wesentliche Mechanismus, um die Komplexität der sozialen Systeme zu reduzieren.[37] «Ohne jegliches Vertrauen könnte (der Mensch) morgens sein Bett nicht verlassen.»[38] Wer Menschen Vertrauen entgegenbringt, handelt, als ob er der Zukunft sicher wäre.[39] Damit reduziert Vertrauen die Komplexität. Vertrauen ist aber auch ein Wagnis, weil es immer auf einer Mischung von Wissen und Nichtwissen beruht.[40] Vertrauen, meint Luhmann, sammelt sich an wie eine Art Kapital, das laufend benutzt und gepflegt werden muss.[41]

Auch die Wissenschaft arbeitet nach dem Prinzip des Ockhamschen Rasiermessers. Wissenschaftler untersuchen komplexe Zusammenhänge, indem sie das Wesentliche extrahieren und das Wechselspiel zwischen diesen Elementen untersuchen. Der Nobelpreisträger und Neurowissenschaftler Eric Kandel befasst sich in seinem Buch *Zeitalter der Erkenntnis* eingehend mit diesem reduktionistischen Ansatz. Reduktionismus, meint er, wecke zwar bisweilen die Furcht vor Trivialität. Er sei aber überzeugt, dass die Reduktion den Blick nicht einenge, sondern im Gegenteil ausweite.[42]

Eric Kandel wurde 1929 in Wien geboren. Weder vorher noch nachher gab es einen Ort mit einer derart intensiven Verknüpfung von Wissenschaft und allen Künsten wie in der Donaumetropole zu dieser Zeit. Diese einzigartige Epoche ging mit dem Einmarsch der Nazis 1938 abrupt zu Ende. Am 7. November 1938 feierte Eric seinen neunten Geburtstag. Er war überglücklich, dass sein grösster Wunsch, ein ferngesteuertes Modellauto, in Erfüllung gegangen war. Zwei Tage später wurde die jüdische Familie Kandel von Nazi-Polizisten aus der Wohnung geholt. Als sie Tage später zurückkamen, war die Wohnung geplündert. Das blaue, ferngesteuerte Modellauto war verschwunden.[43] Es blieb in Kandels Langzeitgedächtnis haften als ein Symbol für seine verlorene Jugend. Die Familie emigrierte in die USA wie fast alle Geistesgrössen, welche die einzigartige kreative Atmosphäre des damaligen Wiens geprägt hatten. Als Eric Kandel nach langen Jahren als Nobelpreisträger nach Wien zurückkehrte, war er der «Rockstar der Hirnforschung» geworden.[44]

In *Zeitalter der Erkenntnis* knüpft Kandel an die alte Tradition Wiens an, indem er Wissenschaft und Kunst verknüpft. Der Reduktionismus ist sowohl ein Ansatz in der Wissenschaft als auch in der Kunst. So zitiert Kandel den französischen Impressionisten Henri Matisse, der nach der Einführung der Fotografie zum Schluss gekommen ist, nun habe die Kunst nicht mehr die Aufgabe, die Wirklichkeit zu kopieren. Vielmehr müsse sie diese Wirklichkeit so direkt wie möglich und «mit den einfachsten Mitteln» ausdrücken.[45]

Die Welt besteht aus Mustern. Mustererkennung ist eine unerlässliche Fähigkeit für Wissenschaftler, Künstler, Ärzte und Manager. Der Wissenschaftler sucht das Muster relevanter Faktoren, um Gesetzmässigkeiten zu erkennen. Der Künstler sucht das Muster des Prototypischen, um seine Sicht der Welt darzustellen. Der Arzt sucht in seiner Diagnose das Muster, um seine Therapie oder das Messer anzusetzen. Der Manager sucht das Muster von Aktionsparametern, um zu handeln.

Auf einen Blick

Arbeiten Sie mit Ockhams Rasiermesser: Suchen Sie in jeder Problemstellung das Wesentliche und schneiden Sie alles andere ab.

Seien Sie sich bewusst, dass der Fluch des Wissens dazu führen kann, vor lauter Bäumen den Wald nicht mehr zu sehen.

Das Pareto-Prinzip besagt, dass man mit 20 Prozent Input 80 Prozent des Outputs erzeugen kann.

Es kommt darauf an, die richtigen 20 Prozent zu finden.

Seien Sie sich bewusst, dass ein Restrisiko bestehen bleibt.

Das Gesetz des abnehmenden Grenznutzens und der Low-hanging-fruit-Effekt führen zum gleichen Schluss: Konzentrieren Sie sich auf die Hebel, welche die stärkste Wirkung erzeugen.

Mustererkennung ist die Fähigkeit, aus einer grossen Menge von Informationen die wesentlichen Elemente herauszufiltern.

Vertrauen ist ein unverzichtbares Mittel, um Komplexität zu reduzieren.

2. Von Feuerwehrkommandanten lernen

> «Jede menschliche Tätigkeit, sei es etwas so Einfaches wie das Tippen einer Morsetaste oder etwas so Komplexes wie eine Ehe, hat ein eindeutiges und unverwechselbares Muster.» *Malcolm Gladwell*

Der Brand war auf der Rückseite eines einstöckigen Hauses ausgebrochen. Die Feuerwehr betrat den Raum und begann, mit Wasser zu löschen, ohne erkennbare Wirkung. Der Versuch wurde wiederholt, wieder kein Resultat. Der Feuerwehrkommandant hatte ein ungutes Gefühl und befahl seinen Männern, das Haus sofort zu verlassen. Kaum waren sie ausser Haus, stürzte der Boden, auf dem sie eben noch gestanden waren, ein.

Über solches Entscheidungsverhalten unter unsicheren Bedingungen und starkem Zeitdruck hat der amerikanische Psychologe Gary Klein geforscht. Auslöser war eine Ausschreibung der US-Army mit dem Ziel, die Informationsverarbeitung in sogenannt kognitiven Prozessen in Extremsituationen besser zu verstehen. Auf dieser Basis sollten Instrumente zur Unterstützung von Entscheidungsträgern in Extremsituationen entwickelt werden. Klein erhielt den Auftrag und begann, das Verhalten von Feuerwehrleuten zu analysieren.

Warum hat der Kommandant im brennenden Haus den Befehl erteilt, das Haus zu verlassen? In einer ersten Antwort verwies der Kommandant auf den «sechsten Sinn», über den jeder Einsatzleiter verfügen sollte.[46] Erst in der Detailanalyse zeigte sich, dass Einsatzleiter ihre Entscheide fällen, indem sie typische Situationen erkennen. Im beschriebenen Fall war die Situation aber gerade nicht typisch, sie fühlte sich irgendwie nicht richtig an. Diese Abweichung führte zur intuitiven Entscheidung, das Haus zu verlassen.

Kleins Analysen von zahlreichen unterschiedlichen Brandfällen führten zur Erkenntnis, dass die Einsatzleiter konkrete Situationen mit einer Reihe von Mustern vergleichen. Diese Muster sind das Ergebnis von Erfahrungen, die im Gedächtnis gespeichert sind. Der Vergleich erfolgt intuitiv, das heisst unbewusst, spontan und ohne Reflexion. Es werden keine Handlungsoptionen miteinander verglichen. Das Muster aktiviert direkt die Handlung. Im beschriebenen Fall führte allerdings nicht der Abgleich mit einem Muster zur Entscheidung, sondern eine Abweichung vom Muster, eine Anomalie.

Intuition basiert auf der Fähigkeit, mithilfe von Erfahrungen Situationen wiederzuerkennen. Die spontane Erkennung eines Musters aktiviert die Reaktion. Intuition führt dazu, dass Dinge erkannt werden, ohne dass man sich bewusst wird, *wie* sie erkannt werden. Kleins Forschungen zeigen, dass Erarbeiten, Erkennen und Vergleichen von Mustern nicht nur aufgrund von Erfahrungen erlernt werden können. Auch mentales Training, wofür Klein den Begriff «mentale Simulation» verwendet, führt zum Erwerb von Mustern.[47] Um auf das Beispiel der Lawinen im vorangehenden Kapitel zurückzukommen: Es ist nicht notwendig, sich risikoreichen Selbstversuchen auszusetzen, wie das Werner Munter getan hat. Man kann sich das richtige Verhalten in der Lawine durch mentale Simulation antrainieren. Der englisch-jamaikanische Wissenschaftsjournalist Malcolm Gladwell vertritt die Auffassung, dass die Fähigkeit, etwas innerhalb von Sekundenbruchteilen zu erkennen und zu verarbeiten, erlernbar ist. Es brauche dafür aber viel Übung und Erfahrung.[48]

Der Schriftsteller Bernhard Schlink hat diese Zusammenhänge in seinem Roman *Die Heimkehr* literarisch verarbeitet: «Muster – davon reden wir doch. Mit den Jahren speichern sich im Kopf nicht nur Muster von vergangenen Fällen und Lösungen, sondern fügen sich die Elemente, aus denen die Muster gewirkt sind, von selbst zu weiteren Mustern zusammen. Sie erkennt man beim Déjà-vu wieder … Napoleon soll am Morgen von Austerlitz ein Déjà-vu gehabt haben … Er hatte im Kopf nicht nur die Schlachten, die er gekannt und geschlagen hat, sondern auch alle, die ihm bei irgendeiner Gelegenheit durch den Kopf gegangen sind, lauter Muster aus den Elementen Soldaten, Infanterie und Kavallerie, Kanonen, Gelände, Stellung. Eines dieser Muster war das Muster von Austerlitz.»[49]

Kahneman unterscheidet zwischen zwei kognitiven Systemen. System 1 arbeitet automatisch und schnell, ohne willentliche Steuerung. Aus dürftigen Informationen werden weitreichende Schlussfolgerungen gezogen. Es ist ein System, in dem es keinen Zweifel gibt. System 2 ist eine anstrengende mentale Aktivität, eine wohlüberlegte Wahl zwischen verschiedenen Optionen. Ohne System 1 wäre unser Alltag mit Tausenden Entscheiden nicht zu bewältigen. Kleins Untersuchungen haben gezeigt, dass Spezialisten unter Zeitdruck mit dem System 1 arbeiten.[50]

Die Analyse der Entscheidungsprozesse von Feuerwehrleuten führte zu einem vertieften Verständnis von Intuition. Was im Alltagssprachgebrauch als unreflektierte Bauchentscheidung gilt, erweist sich als unbewusste Reflexion aufgrund von gespeicherten Mustern. Bauchentscheidungen sind auch der Forschungsgegenstand des deutschen Psychologen Gerd Gigerenzer. Er schreibt über die «Intelligenz des Unbewussten und die Macht der Intuition». Das Gehirn hat sich diese Fähigkeit, die auf dem Wiedererkennungsgedächtnis beruht, im Laufe der Evolution erworben. Es ist eine Eigenart des Menschen, dass er diese Fähigkeit durch Erfahrung und Üben entwickeln kann.[51]

System 2 basiert auf bewusster Reflexion. Dabei sind die verschiedensten Vorgehensweisen denkbar. Ein *Satisficer* entscheidet sich für die erste Möglichkeit, die den angestrebten Zweck erfüllt. Er geht dabei unbewusst vom Gesetz des abnehmenden Grenznutzens bzw. der 80/20-Regel aus. Die Suche nach einer noch besseren Variante erfordert Zeit und Anstrengung, obwohl sie nur eine verhältnismässig geringfügige Verbesserung bringt. Ein *Maximizer* hingegen sucht nach der besten Möglichkeit, was unter Umständen ein zeitraubendes Unterfangen ist. Wie Studien gezeigt haben, lebt es sich als Satisficer besser. Satisficer sind eher Optimisten und haben eine höhere Selbstachtung und Lebenszufriedenheit, während Maximizer zu Depression, Perfektionismus und Selbstvorwürfen neigen.[52] Wer sich die Maxime von Ockhams Rasiermesser zu eigen macht, geht also nicht nur mit seinen Ressourcen ökonomischer um, er tut auch etwas für seine Psychohygiene.

Klein und sein Team gewannen ihre Erkenntnisse bei Beobachtungen und nachträglichen Analysen von Fallstudien. Ihr Forschungsgegenstand lässt sich unter *Kognitionspsychologie* einordnen. Kognitionspsychologie befasst sich mit den psychischen Vorgängen der Wahrnehmung, der Verarbeitung von Informationen und des Gedächtnisses. Kognitionspsychologie ist auch ein Forschungsgegenstand der Neurowissenschaft. Im Gegensatz zu den Psychologen brechen Neurowissenschaftler die Blackbox Gehirn auf. Die Grundbausteine des Gehirns sind Neuronen, die Aktionspotenziale generieren. Diese Aktionspotenziale variieren in Frequenz und Muster und übermitteln auf diese Weise Informationen. Alle sensorischen Informationen, die das Gehirn erreichen, werden in *Muster von Aktionspotenzialen* umgewandelt.[53] Was immer ich auch sehe, ein Gesicht, einen Stuhl, einen Sonnenuntergang, alles beruht auf der Erkennung von Mustern.

Der Erwerb von Mustern und der Abgleich von Mustern erfolgen zum überwiegenden Teil unbewusst. Der Erste, der sich wissenschaftlich mit dem Unbewussten auseinandersetzte, war Josef Breuer, ein Internist in Wien.[54] Er entdeckte, dass sich unbewusste geistige Konflikte lindern lassen, wenn dem Patienten die zugrunde liegenden unbewussten Ursachen bewusst werden. Breuer hatte einen jüngeren Freund, Sigmund Freud. Der hatte in Wien Medizin studiert. Er war von Darwin beeinflusst und interessierte sich für biologische Grundlagenforschung. So verfasste er Studien über primitive Wirbeltiere. Später entdeckte er sein Interesse für neurotische Krankheiten. Breuers Grundlagenarbeit gab den Anstoss für die Entwicklung der Psychoanalyse durch Sigmund Freud. Der Neurowissenschaftler Eric Kandel ist zwar der Meinung, die Psychoanalyse sei empirisch zu wenig abgestützt. Deshalb seien Teile der Theorie falsch. Trotzdem, meint er, hätten sich die Schlüsselideen Freuds bis heute behauptet, insbesondere die Hypothese, dass der grösste Teil des geistigen Lebens unbewusst bleibe.[55]

Obwohl Eric Kandel nur seine ersten Lebensjahre in der Donaumetropole verbrachte, prägte ihn die kosmopolitische Atmosphäre Wiens ein Leben lang. Wissenschaft und Kultur pflegten einen einzigartigen Austausch, bis der Einmarsch Hitlers 1938 alles schlagartig änderte. Im Jahre 2000 wurde Kandel mit dem Nobelpreis ausgezeichnet. 2006 schrieb er das viel beachtete Buch *Auf der Suche nach dem Gedächtnis*, das biografische und wissenschaftliche Gegebenheiten auf höchst anregende, auch für Laien verständliche Weise verknüpft. Als er als gefeierter Nobelpreisträger und Bestsellerautor mit seiner grossen Familie erstmals wieder nach Wien zurückkehrte, wurde er begeistert empfangen. Ein berührender Film zeigt diese Szenen.[56] Der betagte Eric Kandel lacht wie ein Junger, strotzt vor Energie, ist ohne jede Bitterkeit, aber auch immer wieder tieftraurig, wenn er daran denkt, wie viel Leben und Begabung in den braunen Jahren vernichtet wurden.

Im Buch und im Film beschreibt Kandel die Quelle seines Antriebes: das fundamentale Muster von Sigmund Freud.[57] In seiner Strukturtheorie unterschied Freud drei Bereiche: das *Ich*, das *Es* und das *Über-Ich*. Das Ich ist der bewusste Teil und steht in direktem Kontakt mit der Aussenwelt. Das Es ist durch Triebe gesteuert, die sexuelle und aggressive Instinkte erzeugen. Im Über-Ich sind die unbewussten moralischen Werte gelagert. Freuds Theorie ist ein Top-Down-Ansatz, den Kandel, wie er sagt, ironischerweise von unten nach oben ersetzen wollte. Sein Interesse an der Psychoanalyse führte ihn zur Hirnregion des Hippocampus, der als Filter für das Langzeitgedächtnis verantwortlich ist. Diese Forschungen erwiesen sich aber als so komplex, dass er zu einer «reduktionistischen Strategie» gezwungen wurde.[58] Er ersetzte das komplexe Problem durch eine einfaches und wählte für seine Untersuchungen ein Tier mit einem denkbar simplen Nervensystem aus. Einige seiner Kollegen entschieden sich für Wirbeltiere. Kandel strebte nach einem noch radikaleren reduktionistischen Ansatz. Er suchte ein Tier mit einem einfachen Reflex, der sich durch Lernen modifizieren lässt und durch möglichst wenige Nervenzellen gesteuert wird. Nach sechs Monaten intensiver Suche entschied er sich für die Meeresschnecke Aplysia. Das Gehirn einer Aplysia besitzt nur rund 20 000 Zellen, eine überblickbare Zahl im Vergleich mit den 100 Milliarden Zellen des Hirns eines Säugetiers. Die Zellen der Aplysia sind in neun Anhäufungen angeordnet. Nur wenige Zellen sind für das Verhalten zuständig. Einige davon gehören zu den grössten im Tierreich, sodass man leicht Mikroelektroden einführen kann. Kandels Vorgehen illustriert das Prinzip des Reduktionismus auf eindrückliche Weise.

Seine Experimente führten Eric Kandel zum Verständnis, wie sensorische Reize im Gehirn in Muster von Aktionspotenzialen umgewandelt werden. Die Reize lösen zunächst einen Bewertungsprozess aus, den er als «Top-down-Bewertung» bezeichnet.[59] Diese Bewertung beruht auf vier Prinzipien: Sie ignoriert Details, sucht Konstanz, extrahiert die wesentlichen konstanten Merkmale von Personen, Objekten oder Landschaften und vergleicht dieses Muster mit den aus der Vergangenheit gespeicherten Mustern. Da trifft sich der Neurowissenschaftler mit dem Psychologen. Das Verstehen der Welt beginnt mit dem Erkennen und Begreifen von Mustern. Daraus schliesst Gary Klein: «Wir sehen die Welt in Form von Mustern.»[60]

Heuristik wird das Verfahren genannt, das uns hilft, adäquate, wenn auch oftmals unvollkommene Antworten auf schwierige Fragen zu finden. Kandel hat ein heuristisches Verfahren benutzt, das häufig angewendet wird: Er setzte anstelle eines schwierigen Problems ein einfacheres. Dieses Vorgehen ist auch in der Mathematik geläufig. Der grosse französische Mathematiker Henri Poincaré nahm an einem von König Oskar II. ausgeschriebenen Mathematikwettbewerb über die seit Newton ungelöste Frage der Stabilität des Sonnensystems teil. Poincaré reduzierte die Komplexität, indem er nicht das gesamte Sonnensystem behandelte, sondern sich auf ein Modell mit nur zwei Planeten beschränkte.[61]

Die Erkenntnisse aus verschiedensten Wissenschaftsbereichen führen zum Schluss, dass Mustererkennung nicht bloss ein heuristisches Verfahren ist, um mit einer immer komplexeren Welt fertig zu werden. Mustererkennung ist der fundamentale Baustein des Erkenntnisprozesses. Schon die frühen Philosophen haben sich mit der *Abstraktion* auseinandergesetzt. Das lateinische «abstrahere» bedeutet abziehen, entfernen, trennen. Erst durch das Weglassen von Einzelheiten wird das Allgemeine erkannt. Douglas Hofstadter, der Autor des Kultbuches *Gödel, Escher, Bach*, definiert Intelligenz als die Eigenschaft, aus einer Tätigkeit herauszuspringen und beurteilen zu können, was getan wurde. Dabei werde unentwegt nach Mustern gesucht.[62] Auch der Philosoph André Comte-Sponville bringt Intelligenz und Komplexitätsreduktion in einen Zusammenhang. Intelligenz sei die Kunst, das Kompliziertere auf das Einfachere zu reduzieren. Und nicht umgekehrt, wie er maliziös anmerkt.[63]

Ähnlich argumentiert der Psychologe Jerome S. Bruner: «Wenn zwei Menschen den gleichen IQ haben, der eine aber ‹gescheit›, der andere ‹dumm› ist, so liegt das daran, dass der erste gelernt hat, sein begrenztes geistiges Vermögen sinnvoll einzusetzen, sich nicht in Haarspaltereien zu verzetteln.»[64]

Der Professor für Psychologie und ehemalige Schweizer

Schachmeister Fernand Gobet hat die Ergebnisse der Kognitionswissenschaft, darunter auch eigene Forschungen, zusammengefasst und kommt zum gleichen Schluss. Der Unterschied zwischen einem Meister und einem guten Amateur liege in der Fähigkeit, Muster zu erkennen und selektiv nach Informationen zu suchen.[65]

In seinem zweiten populärwissenschaftlichen Buch *Das Zeitalter der Erkenntnis* schlägt Eric Kandel einen weiten Bogen von den Hypothesen Freuds über die Literatur und Malerei bis zur Neurowissenschaft. Der gemeinsame Nenner seiner Protagonisten ist die Stadt Wien. Wie Freud ist der Erzähler und Dramatiker Arthur Schnitzler Arzt. In seinen Erzählungen und Theaterstücken befasst sich Schnitzler vor allem mit dem Innenleben seiner Figuren. Als Instrument für die Darstellung psychischer Vorgänge führte er den inneren Monolog ein. Die wahre Passion Kandels gilt aber der Malerei. Kandel erläutert die Darstellung der Psyche in der Malerei anhand der Bilder der grossartigen Wiener Expressionisten Gustav Klimt, Egon Schiele und Oskar Kokoschka. Allein schon die packenden Bildbeschreibungen Kandels machen die Lektüre seines Buches zum Vergnügen.

Die Wiener Schule hat das Kunstideal von Wahrheit und Schönheit hinter sich gelassen und wurde zur «wahrhaften Kunst», die Objekte so darstellt, wie sie wirklich sind. Kandel beschreibt, wie die Wiener Expressionisten Gesichtsausdruck, Körperhaltung und Attitüde benutzen, um den Gemütszustand einer Person offenzulegen. Die expressionistische Bewegung brach mit den Konventionen der klassischen Malerei, indem sie Elemente der traditionellen Maltechnik mit Formen der Karikatur verband. Karikaturisten arbeiten mit wenigen charakteristischen Merkmalen, die mittels Verzerrung und Übertreibung noch verstärkt werden.[66] Interessanterweise macht auch der Lawinenpapst Werner Munter (s. Kapitel 1) einen Bezug zur Karikatur. Gute Entscheidungsmodelle, meint er, funktionieren wie gelungene Karikaturen, indem sie die komplexe Wirklichkeit auf das Wesentliche reduzieren. Ohne diese Reduktion sei es nicht möglich, richtig zu entscheiden.[67] Kandel seinerseits illustriert das am Beispiel des Überquerens einer Strasse. Die Aufmerksamkeit ist auf die vorbeifahrenden Autos, ihre Geschwindigkeit und Grösse fokussiert. Alle irrelevanten Details werden ignoriert.

Die Karikatur eines Gesichtes etwa arbeitet mit wenigen Konturlinien, die Augen, Mund und Nase darstellen. Es braucht sehr wenige, aber charakteristische Merkmale, um ein Gesicht zu erkennen. Die Gestaltpsychologie hat diese ganzheitliche Sichtweise zu ihrem Prinzip gemacht. Sie vertritt die Auffassung, dass die ganzheitliche Erfassung von sensorischen Informationen angeboren ist. Diese Fähigkeit ermöglicht dem Gehirn, eine zweidimensionale Darstellung in ein dreidimensionales Bild zu transformieren. Der Wahrnehmungsforscher Patrick Cavanagh spricht in diesem Zusammenhang von einer «vereinfachten Physik» als Instrument, um die Welt zu begreifen.[68] Experimente haben gezeigt, dass auch Affen über diese vereinfachte Physik verfügen.[69] Einfache Strichzeichnungen erregen sie genauso stark wie die Bilder eines echten Affen.

Dank dieser vereinfachten Physik ist das Gehirn in der Lage, aus einer verwirrenden Vielfalt von Informationen Muster herauszufiltern. Dabei werden Bilder kategorisiert. Birnen und Äpfel werden beide als Obst kategorisiert, obwohl sie sich nicht ähnlich sehen. Ein Apfel und ein Ball haben zwar eine ähnliche Form, wir nehmen sie aber als grundsätzlich verschieden wahr. «Die Kategorisierung ist entscheidend – reine Wahrnehmung ohne Kategorisierung ist bedeutungslos.»[70]

Das Gehirn, so der Gehirnforscher Eric Kandel, ist eine Kreativitätsmaschine, die aus einem verwirrenden Durcheinander Muster herausfiltert.[71] Es kann diese Aufgabe nur wahrnehmen, wenn es das Relevante vom Irrelevanten trennt. Neurowissenschaftler sind zum Schluss gekommen, dass das Vergessen die wichtigste Funktion des Gehirns ist. Nur wenn Unwichtiges vergessen wird, kann Typisches wahrgenommen werden. Damit hat die Neurowissenschaft der scholastischen Maxime *Ockhams Rasiermesser* (s. Kapitel 1) eine späte wissenschaftliche Begründung gegeben.

Charles Darwin war einer der grossen Naturforscher, die unsere Sicht auf die Welt verändert haben. 1839 wurde er zum ersten Mal Vater. Mit grosser Aufmerksamkeit verfolgte er die Entwicklung seines erstgeborenen Sohnes William Erasmus. Er stellte fest, dass Bill Gemütsregungen und Reaktionen zeigte, die er nicht durch Erfahrung gelernt haben konnte. Seine Beobachtungen führten ihn zum Schluss, dass Gefühlsregungen ein soziales Signalsystem für die Vermittlung menschlicher Emotionen darstellen und so für die soziale Kommunikation essenziell sind. Er publizierte seine Erkenntnisse in seinem dritten und letzten grossen Werk *The Expression of the Emotions in Man and Animals*. Es war das erste mit Fotografien illustrierte naturwissenschaftliche Buch. Das Werk wurde unlängst in einer schönen bibliophilen Ausgabe wieder aufgelegt, eingeführt und kommentiert von Paul Ekman, der unbestrittenen Autorität auf dem Gebiet der Forschung von Gesichtsausdrücken.[72]

Darwin stützte sich in seiner Untersuchung auf viele Einzelbeispiele, bemühte sich aber auch um eine breite Abstützung seiner Beobachtungen. Er schickte seine Bilder an Kolonialbeamte auf der ganzen Welt und bat sie um ihre Interpretation von Gesichtsausdrücken in den verschiedenen Kulturen. Darwin unterschied sechs Kategorien auf einer Skala zwischen Annäherung und Vermeidung. Dazu gehören auf der einen Seite des Kontinuums Glück (von der Ekstase bis zur heiteren Gelassenheit) und auf dem Gegenpol Furcht (von Entsetzen bis Besorgnis). Zwischen diesen Extremen liegen die vier Unterarten Überraschung (von Bestürzung bis Ablenkung), Abscheu (von Verachtung bis Langeweile), Traurigkeit (von tiefem Kummer bis Nachdenklichkeit) und Zorn (von Wut bis Ärger). Darwin vertrat die These, dass die Mimik unabhängig vom Kulturkreis angeboren ist. Er wies sogar, und das war ein Tabubruch, auf Parallelen im Ausdrucksverhalten von Mensch und Tier hin.

Darwins Buch wurde ein Bestseller, geriet dann aber rasch in Vergessenheit. Später bekämpften neuere Entwicklungen in der Psychologie die These des Vorhandenseins von evolutionär und genetisch bedingten Faktoren vehement. Eine zentrale Vertreterin der *Milieutheorie* war Margaret Mead mit ihrer Ansicht, Sozialverhalten sei ausschliesslich kulturbestimmt und somit formbar.[73] Der Mensch sei ein Produkt seiner Erziehung. Dahinter stand ein politisches Programm, beherrscht von der Zuversicht, dass der Mensch «vervollkommnungsfähig» sei.[74] Die damals vorherrschende Methode der Psychologie, der Behaviorismus, interessierte sich nur für beobachtbares Verhalten.[75] Emotionen, behaupteten die Behavioristen, seien weder eine biologische noch eine psychologische Realität.

In den 1960er-Jahren begannen sich diese Auffassungen aufzuweichen. Die entscheidende Rolle spielte der amerikanische Anthropologe und Psychologe Paul Ekman, der an die längst vergessenen Studien von Charles Darwin anknüpfte. In der Schule des Behaviorismus aufgewachsen, hielt er Darwins Auffassungen für irrig.[76] Mit seinen Untersuchungen wollte er insbesondere die schmale empirische Basis von Darwin korrigieren. Zusammen mit einem Kollegen entwickelte er das *Facial Action Coding System* (FACS), um die Gesichtsausdrücke zu klassieren. In den 1970er-Jahren untersuchte er über 100 000 Gesichtsausdrücke. Die Mimik eines Gesichtes wird von 26 Gesichtsmuskeln, davon fast alle doppelt vorhanden, gesteuert. Diese zum Teil unbewusst gesteuerten Muskeln erzeugen in ihrer Kombination eine riesige Zahl von Gesichtsausdrücken. Jeder Gesichtsausdruck ist ein Abbild von Gefühlen. Dabei bestätigte Ekman die sechs Grundkategorien von Darwin. Er zeigte auf, dass die obere Gesichtshälfte vor allem Angst und Traurigkeit ausdrückt, die untere Hälfte Gefühle wie Glück, Wut oder Ekel. Entscheidend sind die Augen, die nur begrenzt willentlich gesteuert werden können. Deshalb entlarven die Augen ein falsches Lächeln schonungslos. Schliesslich musste Ekman zugeben, dass er falsch gelegen war. Seine Untersuchungen bestätigten die zentrale These von Darwin, dass Gesichtsausdrücke im wesentlichen kulturunabhängig sind, obwohl es kulturspezifische Nuancen gibt. Diese Meinung wird heute von den meisten Wissenschaftlern geteilt.[77]

Den Ausdruck eines fremden Gesichts intuitiv zu erfassen und zu bewerten, ist eine überlebenswichtige Fähigkeit. Sie ermöglicht die spontane Unterscheidung von Freund und Feind. Diese Fähigkeit, Stimmungen lesen zu können und darauf basierend das Verhalten vorherzusagen, ist eine entscheidende soziale Eigenschaft. Der Schweizer Schriftsteller Thomas Hürlimann berichtet, dass er als Reisender in Afrika gezwungenermassen zum Typologen geworden ist. Er war darauf angewiesen, möglichst rasch das Wesen eines Menschen zu erfassen, ob man ihm trauen könne oder nicht. Als er Jahrzehnte später im Spital nach einer schweren Operation aus der Narkose aufgewacht sei, habe ihm diese Fähigkeit geholfen, sich an die richtigen Leute zu wenden.[78] Autistischen Personen fehlt gerade diese Eigenschaft, was sie zu sozialen Aussenseitern macht.

Der britische Neurologe Oliver Sacks, der sich während seines ganzen Berufslebens mit hirngeschädigten Patientinnen und Patienten auseinandergesetzt hat, stellt einige seiner Fallgeschichten in leicht lesbaren, berührenden Büchern vor.[79] Er beschreibt, was passiert, wenn das «innere Auge» – meist als Folge eines Schlaganfalls – ausfällt. Im funktionierenden Gehirn werden Gesichter als Muster wahrgenommen, indem geometrische Beziehungen zwischen Augen, Nase, Mund und anderen Merkmalen hergestellt werden. Typisierte oder Comicgesichter lösen übrigens die gleiche Reaktion aus wie echte Gesichter. Die Fähigkeit, Gesichter zu erkennen, ist angeboren und entwickelt sich mit der Erfahrung. Wenn die Fähigkeit, Gesichtsmuster zu erkennen, verloren geht, spricht man von *Gesichtsblindheit.*[80] Es ist nicht mehr möglich, ein Gesicht zu erkennen, auch nicht das eigene im Spiegel. Erstaunlicherweise wurde diese Krankheit, *Prosopagnosie* genannt, erst 1947 entdeckt. Sacks zitiert eine seiner Patientinnen: «Ich kann Augen, Nase und Mund ziemlich deutlich wahrnehmen, aber sie fügen sich nicht zusammen. Sie scheinen alle mit Kreide geweisst zu sein, wie auf einer Wandtafel.»[81]

Die Fallgeschichten von Oliver Sacks zeigen eindrücklich, wie schwer es ist, sich ohne die Fähigkeit, Muster zu erkennen, in der Welt zurechtzufinden.

Der jamaikanisch-englische Autor und Wissenschaftsjournalist Malcolm Gladwell hat einige Bestseller geschrieben. Letztlich geht es in diesen anregenden Büchern immer um Muster. In *Blink!* beschreibt er, wie John Gottman, auch er ein amerikanischer Psychologe, mithilfe von Ekmans *Facial Action Coding System* Paarbeziehungen analysiert.[82] Der Psychologe lässt ein Paar über ein kontroverses Thema diskutieren. Das Gespräch wird auf Video aufgezeichnet. Sensoren messen Herzfrequenz, Schweissausschüttung, Hauttemperatur und die Intensität, mit der auf den Stühlen herumgerutscht wird. Die Slow Motion der Videoaufzeichnung erlaubt, die Gesichtsausdrücke des Paares während des Gesprächs zu erfassen. Dazu verwendet Gottman 20 Kategorien. Die Gesichtsausdrücke des Paares werden sekundenweise erfasst und mit den entsprechenden physiologischen Messungen verbunden.

Schon ein kurzes Gespräch führt zu einer enormen Datenfülle. Statistische Analysen ermöglichen die Extraktion der relevanten Variablen. Aufgrund seiner jahrelangen Erfahrung ist Gottman zum Schluss gekommen, dass jede der analysierten Paarbeziehungen ein unverwechselbares Muster, eine Art *Ehe-DNA* aufweist. Die erstaunlichste Erkenntnis ist, dass es hauptsächlich vier Gefühle sind, die für die Qualität einer Beziehung relevant sind. Gottman nennt diese Gefühle wegen ihrer zerstörerischen Wirkung die «vier apokalyptischen Reiter»: Verteidigungshaltung, Blockade, Kritik und Verachtung. Unter den vier apokalyptischen Reitern sticht einer aber noch besonders hervor: die Verachtung. Wenn dieses eine Gefühl bei einem der Partner manifest wird, ist die Wahrscheinlichkeit, dass die Beziehung scheitert, signifikant hoch.

Das Beispiel zeigt auf eindrückliche Weise, wie das Prinzip von Ockhams Rasiermesser selbst in einer so komplexen Frage wie der Qualität einer Paarbeziehung greift. Wenn es gelingt, das relevante Muster zu extrahieren, sind die Hebel zur Veränderung einer Situation gegeben. Kandel spricht deshalb von «Mustern von Aktionspotenzialen». Wenn Gottman in einer Paarbeziehung Verachtung diagnostiziert, verfügt der Paartherapeut über einen Hebel, um diese Beziehung zu retten – wobei die Chancen hierfür wohl nicht allzu hoch sind.

Der Protagonist in Robert Harris' Thriller *Angst* ist der begnadete Mathematiker Dr. Alexander Hoffmann.[83] Er ist Inhaber eines sagenhaften Hedgefonds, für den er den Algorithmus VIXAL-4 entwickelt hat. Eines Tages erhält Hoffmann von einem Unbekannten Darwins *The Expression of the Emotions in Man and Animals* zugeschickt. Die Visitenkarte eines holländischen Antiquars steckt zwischen den Seiten, die das Gefühl der Furcht abhandeln. Das muss eine direkte Anspielung auf seinen höchst geheimen Algorithmus sein. Im Kern dieses Algorithmus steht die Erkenntnis, dass es unmöglich ist, jeden Aspekt des menschlichen Verhaltens zu analysieren. Und zwar unabhängig davon, wie viel Datenmaterial zur Verfügung steht und wie hoch die Rechenleistung ist. Deshalb ist ein Fokus unabdingbar. Mit VIXAL-4 hat man eine Lösung gefunden, die sich auf eine einzige Emotion beschränkt: die Angst. VIXAL ist so programmiert, dass er das Netz auf angstbesetze Sprache durchforstet. Was für den Paartherapeuten Gottman die Verachtung, ist für den Hedgefonds-Manager die Angst. Eine erstaunliche Parallele, auch wenn es sich bei VIXAL um Fiktion handelt. Aus den Beispielen kann man eine Lehre ziehen: Auch im Zeitalter von *Big Data* ist Ockhams Rasiermesser ein unersetzliches Werkzeug.

Wie man hört, arbeitet Samsung an einem Erkennungssystem für Emotionen. Das Programm soll anhand der Mimik die Stimmung von Personen erkennen. Das bereits 2011 eingereichte Patent basiert auf den Mustern von Paul Ekman. Man geht davon aus, dass die von Google als nächste technische Umwälzung angekündigte intelligente Brille, die *Google Glass*, auf derselben Methodik beruht. So soll es dereinst möglich sein, aufgrund von mimischen Mustern zu erkennen, ob jemand lügt. «Welche Ehefrau wollte darauf verzichten», meint *Der Spiegel* dazu.[84]

In der Einleitung zu *Tipping Point* erzählt Malcolm Gladwell die Geschichte der Hush Puppies, einer amerikanischen Schuhmarke, die Anfang der 1990er-Jahre praktisch von der Bildfläche verschwunden war.[85] Nur in der Provinz wurden die aus der Mode geratenen Schuhe noch verkauft. Die Herstellerfirma überlegte sich, die Produktion einzustellen. Doch plötzlich wurden Hush Puppies in den angesagtesten Clubs in New York gesichtet, wo sie als der letzte Schrei galten. Gladwell geht der Frage nach, warum sich gewisse Ideen und Trends epidemisch verbreiten und andere nicht. Seiner Meinung nach spielt dabei das *Gesetz der Wenigen* die entscheidende Rolle. Es seien drei Gruppen von Menschen – Vermittler, Kenner und Verkäufer –, die als Multiplikatoren wirkten. Selbst im Zeitalter der Massenkommunikation sei die Mundpropaganda immer noch die wichtigste Form menschlicher Kommunikation. Er geht im Detail auf die drei Gruppen ein. Die entscheidende Rolle spielen die Vermittler.[86] Ihre prägenden Eigenschaften sind Neugier, Selbstvertrauen, Geselligkeit und Energie. Was sie auszeichnet, ist ihre Präsenz in verschiedenen Welten. Er beschreibt eine Frau, die sich als ausgesprochene Vermittlerin hervorgetan hat. Sie bewegt sich in acht Welten: der Welt der Schauspieler, der

Autoren, der Ärzte, der Anwälte, der Parkliebhaber, der Politiker, der Eisenbahnbegeisterten und der Flohmarkt-Aficionados. Dank ihrer offenen Art geht die Vermittlerin auf alle Menschen zu und verbindet die verschiedenen Welten.

Gladwell legt das Muster für die Verbreitung von Ideen und Trends offen. Er beschreibt die einzelnen Elemente und ihr Zusammenwirken. Dieses Muster von Aktionspotenzialen ermöglicht im konkreten Fall, mit einer Rasterfahndung Menschen, die sich für die Verbreitung von Ideen eignen, zu identifizieren.

Grosse Beachtung hat Malcolm Gladwell mit *Überflieger* erzeugt.[87] Was befähigt die Menschen zu besonderen Leistungen? Aufgrund von umfassenden Studien in den Bereichen Sport, Kunst, Wirtschaft und Wissenschaft extrahiert Gladwell ein Muster von verblüffender Einfachheit. Es sind vier Faktoren, die für herausragende Leistungen bestimmend sind: Talent, Kultur, Zufall und Fleiss.

Talent ist eine besondere Stärke. Talent ist unabdingbar und muss einen bestimmten Schwellenwert überschreiten. Zu viel Talent ist aber hinderlich, weil es sich negativ auf den Fleiss auswirkt. Konkret: Zwar braucht es schon einen Intelligenzquotienten von 120, um einen Nobelpreis zu gewinnen, was höher ist, bringt aber kaum zusätzliche Vorteile.

Die Kultur, in die man geboren wird, ist das zweite Element im Muster von Gladwell. Kulturen sind langlebige, durch Tradition gewachsene Verhaltensmuster. Spezifische Kulturen können auch durch Brüche entstehen, wie in Kalifornien, wo in den 1960er- und 1970er-Jahren die antiautoritäre Bewegung und die Hippiekultur ihren Höhepunkt erlebten. Die jungen, Marihuana rauchenden Wilden wie Steve Jobs konnten sich vorstellen, wie eine Welt, die noch gar nicht existierte, aussehen könnte. Deshalb wurde die neue Welt im Silicon Valley erfunden und nicht in den viel hierarchischeren Gesellschaften an der Ostküste, in England, Deutschland oder Japan.

Wer seine eigene Laufbahn analysiert, wird feststellen, in welchem Ausmass der Zufall eine Rolle spielt. Gladwell erläutert diesen Faktor, den man auch Glück oder allenfalls Schicksal nennen kann, anhand verschiedener Beispiele. Da sind die Eishockeyspieler in Kanada, die auffällig oft im ersten Quartal Geburtstag haben (s. Kapitel 6). Unter den 75 reichsten Menschen aller Zeiten sind 14 Amerikaner, die Mitte des 19. Jahrhunderts innerhalb von neun Jahren zu Welt kamen. Sie wurden zufällig zur richtigen Zeit (Bau der Eisenbahnen und Gründung der Wallstreet) und am richtigen Ort (den USA) geboren. Das gleiche Phänomen war zu Beginn der Computerrevolution zu beobachten. Gladwell ortet den Schlüsselmoment 1975. Eine Fachzeitschrift berichtete damals über den Altair 8800, ein Gerät zum Selberbasteln, mit dem die Ära des Personalcomputers begann. Wer vor 1952 geboren war, war bereits zu alt, um auf diese Entwicklung aufzuspringen. Die nach 1958 Geborenen gingen noch zur Schule und waren noch nicht bereit. Tatsächlich: Steve Jobs, Bill Gates, Steve Ballmer und noch viele andere Cracks der digitalen Revolution sind in dieser Zeitspanne und am richtigen Ort auf die Welt gekommen.

Für Fleiss verwendet Gladwell eine Metapher, die heute Allgemeingut geworden ist: die 10 000-Stunden-Regel. Er verweist auf Wissenschaftler, die festgestellt haben, dass es 10 000 Stunden intensive Praxis erfordert, um wahres Expertentum zu erreichen. Es gäbe keinen einzigen Fall, in dem Expertentum innerhalb kürzerer Zeit erworben wurde. Das gelte in jedem Bereich, sei es Sport, Musik, Kunst, Wissenschaft oder Wirtschaft. 10 000 Stunden ist viel Zeit. Wenn man ohne Unterbruch jeden Tag, auch Samstag und Sonntag, fünf Stunden übt, hat man die 10 000 Stunden nach fünfeinhalb Jahren erreicht. Was allein noch nicht reicht, wie Kurt Tucholsky bemerkt: «Erfahrung heisst gar nichts. Man kann eine Sache auch 35 Jahre falsch machen.» Quantität ist unabdingbar. Aber ohne einen systematischen und effektiven Lernprozess kann keine Meisterschaft erreicht werden.

Auch hier liegt ein Muster von Aktionspotenzialen vor, das klare Handlungsanweisungen ermöglicht. Primär gilt es, die besonderen Stärken einer Person zu entdecken, was bekanntlich nicht so einfach ist. Die Kultur muss als gegeben hingenommen werden. Es ist das Wesen des Zufalls, dass er nicht beeinflusst werden kann. Wenn aber eine Türe aufgeht, muss man das erstens erkennen und zweitens entschlossen eintreten. Und die 10 000 Stunden, die muss man einfach investieren. Wer seine Stärken erkannt hat und intensiv arbeitet, merkt, dass er besser wird, das erhöht die Motivation, noch besser zu werden. Die Freude wird so zur Leidenschaft. Und irgendeinmal wird eine Türe aufgehen.

Schliesslich liefert dieses Muster von Aktionspotenzialen auch einen Hinweis, was man nicht machen sollte: Weil der Zufall eine so dominante Rolle spielt, macht eine persönliche Laufbahnplanung wenig Sinn.

Hinter jedem komplexen Problem steht ein Muster. Ist dieses Muster einmal erkannt, sind die Aktionspotenziale definiert. Die Aktionspotenziale sind der Schlüssel für die Lösung eines Problems. Ohne reduktionistischen Ansatz lassen sich keine Muster freilegen. Dieser Reduktion steht der Fluch des Wissens gegenüber. Weit verbreitet ist auch die Unfähigkeit, sich auf Weniges, aber Wesentliches zu konzentrieren, was mit *Fokusangst* treffend umschrieben wird.[88] Viele Menschen denken bei allem, was sie tun, an all das andere, das sie stattdessen tun könnten oder sollten. Kandel nennt noch einen anderen Grund, der reduktionistisches Denken behindert: die Furcht, dass durch die Reduktion die Faszination, die geistige Vorgänge auf uns ausüben, vermindert wird. Höchstwahrscheinlich jedoch, meint Kandel, sei das Gegenteil der Fall. Reduktion könne unseren Blick weiten.[89]

Auf einen Blick

Intuition ist unbewusste Mustererkennung.

Die meisten unserer Entscheidungen erfolgen intuitiv.

Intuitiv erkannte Muster basieren auf gespeicherter Erfahrung.

Muster lassen sich auch durch mentale Simulation erwerben.

Die Reduktionsmethode spielt auch in der Wissenschaft eine entscheidende Rolle.

Wenn Sie ein komplexes Problem nicht lösen können, ersetzen Sie es mit einem einfacheren Problem.

Der Erkenntnisprozess beruht auf der Fähigkeit, Details zu ignorieren und Muster zu erkennen.

Gesichtserkennung ist überlebenswichtige Mustererkennung.

Das Muster für überdurchschnittliche Leistungen: Talent, Kultur, Zufall, 10 000 Stunden.

3. Surreal und schön

«Unergründliche Wunder entspringen einfachen Regeln.» *Benoît B. Mandelbrot*

Schon im frühen Kindesalter beginnt die Auseinandersetzung mit Formen und Zahlen. In der Schule wird zuerst gerechnet, später heissen die Fächer Arithmetik und Geometrie und schliesslich Mathematik, die für die Heranwachsenden zur Herausforderung und manchmal zum Albtraum wird. Angesichts der Bedeutung der Mathematik ist es überraschend, wenn wir hören, dass es keine allgemeine Definition für Mathematik gibt. Man könne Mathematik nicht einmal erklären, meint der Mathematiker in Atle Naess' Roman *Die Riemannsche Vermutung.*[90] Das ist umso erstaunlicher, als sich die klügsten Köpfe seit Jahrtausenden mit Zahlen und Formen auseinandersetzen.

Pythagoras, Euklid und Archimedes waren die ersten grossen Mathematiker in der Geschichte. Platon hat die Mathematik mit dem Göttlichen verknüpft. «Mathematik ist Religion», sagte der Romantiker Novalis. Auch heute noch stellt der Astrophysiker Mario Livio in seinem Buch die Frage: *Ist Gott ein Mathematiker?*[91] Livio schreibt der Mathematik «allumfassende Erklärungsmacht», ja «aberwitzige Wirkungsmächtigkeit» zu.[92] Er zitiert den Physiker Roger Penrose, der von drei Welten spricht: der Welt der Wahrnehmung, der physikalischen Welt und der platonischen Welt der mathematischen Formen.[93] Es sei ein Mysterium, dass die physikalische Welt den Gesetzen der Mathematik zu gehorchen scheine. Das hat zu einem Disput geführt, der auch zweieinhalb Jahrtausende nach Pythagoras noch nicht abgeschlossen ist: Ist Mathematik eine Entdeckung? Sie würde damit ausserhalb des menschlichen Hirns und unabhängig vom Menschen existieren. Oder ist Mathematik eine menschliche Erfindung?[94] Es gibt immer noch zwei Strömungen: für die *platonische Weltsicht* ist Mathematik die Entdeckung einer ausserhalb des Menschen existierenden Realität. In dieser Vorstellung ist Mathematik die *Sprache des Universums.* Aus formalistischer Sicht ist Mathematik die Erfindung von Menschen. Diese beiden grundsätzlich unvereinbaren Standpunkte sind letztlich philosophischer Natur. Philosophische Betrachtungen entziehen sich einer wissenschaftlichen Beurteilung. Deshalb geht es vielmehr um zwei Weltanschauungen. Mario Livio schlägt nach ausführlichen Erwägungen einen Kompromiss vor: Mathematik sei eine Kombination von Erfindungen und Entdeckungen. Die Axiome der euklidischen Geometrie und die Definition von Primzahlen seien Erfindungen gewesen, die Sätze der euklidischen Geometrie und die Theoreme für Primzahlen hingegen Entdeckungen.[95]

Ob Entdeckung oder Erfindung: Die treibende Macht hinter der Mathematik ist der Wunsch, Muster zu erkennen und zu begreifen. Die Faszination der Mathematik liegt in der Magie der Zahlen und in ihrer Rätselhaftigkeit. «Zahlen können Menschen bezaubern», so beginnt die Biografie von Masha Gessen über Grigori Perelman, von der noch die Rede sein wird.[96] Der erste Mathematik-Titan der Geschichte war Archimedes. Er suchte das Schöne und beschäftigte sich mit der reinen Mathematik, fernab jeder praktischen Anwendung. Seine Hingabe war so gross, dass er oft vergass, zu essen und sich zu waschen. Es ist eine Ironie der Geschichte, dass seine Entdeckungen trotz ihrer scheinbaren Praxisferne die Entwicklung der zur damaligen Zeit wirkungsvollsten Kriegsgeräte ermöglichten. Richtig berühmt wurde er aber dank eines Rätsels, das ihm König Hirod aufgegeben hatte. Der König wollte den Göttern eine goldene Krone opfern. Er hegte aber den Verdacht, dass die Krone nicht aus reinem Gold, sondern mit einer Silberlegierung angefertigt war. Er beauftragte Archimedes mit der Überprüfung. Die zündende Idee kam Archimedes im Bad, als er feststellte, wie sein Körper

Wasser verdrängte. Da sprang ihm die Lösung ins Auge. Die Krone, die gewiss aus reinem Gold war, würde er in einen wassergefüllten Bottich legen, die fragliche Krone in einen anderen Bottich. Wenn es sich dabei um eine Fälschung handelte, müsste sie mehr Wasser verdrängen, weil ihr Volumen bei gleichem Gewicht grösser wäre. Der Legende nach sprang Archimedes aus der Wanne, rannte nackt durch die Stadt und rief: «Heureka!, ich hab's gefunden.»[97]

Die Legende ist nicht nur amüsant, sie lehrt auch, wie Kreativität durch assoziative Prozesse angeregt wird. Dieses Muster hat offenbar auch bei dem berühmten französischen Mathematiker Henri Poincaré gewirkt. Als er gefragt wurde, wie er seine Probleme definiert und Lösungen gefunden habe, antwortete er: «Als ich in die Strassenbahn einstieg.»[98]

Mathematiker erreichen nur Spitzenleistungen, wenn sie sich restlos auf ihr Problem konzentrieren und alles andere abkoppeln: «Mathematik ist die reinste Form des Denkens, und Aussenstehenden mag es fast scheinen, als lebten die Mathematiker in einer anderen Welt.»[99] Diese Grundhaltung wurde auch dem grossen Archimedes zum Verhängnis. Als die Römer Syrakus einnahmen, war er so intensiv in die Betrachtung von geometrischen Zeichnungen vertieft, dass er den Kriegslärm nicht wahrnahm. Ein Soldat wollte ihn abführen, aber Archimedes erwiderte entnervt: «Störe meine Kreise nicht.» Der erboste Soldat zog sein Schwert und tötete ihn.

Am Anfang stand das Zählen. Dazu waren in alten Zeiten nur die wenigen Rechenmeister in der Lage. Sie meisterten Addition und Subtraktion, stiessen aber schnell an ihre Grenzen, wenn die Zahlen zu gross wurden. Sie begannen, diese Komplexität zu reduzieren, indem Mengen zu neuen Einheiten gebündelt wurden. Darauf beruht das Prinzip der römischen Zahlen. Das Rechnen mit grossen Zahlen, insbesondere Multiplikation und Division, blieb aber mühsam. Leonardo Fibonacci führte in seinem 1202 erschienenen Rechenbuch *Liber abaci* die Null in Europa ein, gab ihr allerdings nicht den gleichen Stellenwert wie den anderen Zahlen. Rechnen wurde erst im 16. Jahrhundert mit einem Buch des überragenden Rechenmeisters Adam Ries popularisiert.[100] In seinem Buch erklärte er insbesondere die erweiterte Funktion der Null, die das Rechnen mit grossen Zahlen erst möglich machte. Bei wirklich grossen Zahlen entstehen allerdings wieder Zahlenungetüme, und es waren erneut Vereinfachungen gefragt.

Platon war der Auffassung, dass der ideale Staat aus 5040 Bürgern bestehen sollte. Er hat das nie begründet. Es könnte an der Magie dieser Zahl liegen. Wenn man 1 × 2 × 3 × 4 × 5 × 6 × 7 multipliziert, ergibt das 5040. Die gleiche Zahl erhält man, wenn von 7 × 8 × 9 × 10 gerechnet wird.[101] Es ist historisch belegt, dass bereits die Griechen mit der Multiplikation umgehen konnten. Multiplikation kann zu sehr hohen Zahlen führen, die bald einmal so lang werden, dass man nicht mehr mit ihnen umgehen kann. Dank der Erfindung von Potenzen wurde es möglich, auch astronomisch hohe Zahlen übersichtlich und präzise zu erfassen. Von besonderer Eleganz und Einfachheit ist der *Potenzturm*.[102]

$$2^{1.267.650.600.228.229.401.496.703.205.376} = 2^{2^{100}}$$

Diese Gleichung ist ein Beispiel für die Reduktion von Komplexität in der Mathematik. Die grösste Zahl übrigens, die mithilfe von drei Ziffern geschrieben werden kann, ist ein Potenzturm mit 3 × 9. Sie hat 369 693 100 Stellen.

In der Mathematik gibt es nur eine Wahrheit. Diese lässt sich nicht experimentell überprüfen. Auch Millionen von richtigen Fallbeispielen können den Nachweis der Wahrheit nicht erbringen. Die Wahrheit wird durch logische Argumentation, den *Beweis*, erschlossen. Die stärkste logische Waffe in der Beweisführung ist die *reductio ad absurdum.* Die Wahrheit einer Aussage wird dadurch bewiesen, dass man zunächst annimmt, sie sei falsch. Wenn bei der logischen Folgerung ein Widerspruch auftritt, kann die Aussage nicht falsch sein, also ist sie wahr.

Wahrheit im Sinne der Mathematik gibt es in den Naturwissenschaften nicht. Auch der Philosoph und Wissenschaftstheoretiker Karl Popper baute sein epochales Werk *Logik der Forschung* auf der These auf, dass sich die Theorien der Naturwissenschaften nicht empirisch verifizieren lassen.[103] Sie sind aber falsifizierbar, man kann ihre Ungültigkeit nachweisen. Die Aussage «Alle Schwäne sind weiss» war so lange gültig, bis der erste schwarze Schwan entdeckt wurde. Deshalb, folgert Popper, müsse man grundsätzlich immer versuchen, Theorien zu falsifizieren. Je weniger das gelinge, desto wahrscheinlicher sei ihre Gültigkeit. In der Sprache der Mathematik fordert Popper demnach nichts anderes als die systematische Anwendung der *reductio ad absurdum.*

Mathematiker suchen unentwegt nach Mustern. Godfrey Harold Hardy, einer der besten Mathematiker Grossbritanniens, publizierte 1940 einen Aufsatz «A Mathematician's Apology».[104] Der Text gilt noch heute als eine der besten auch für Laien verständlichen Darstellungen eines Mathematikers und bringt den Beruf des Mathematikers auf den einfachsten Nenner: «Ein Mathematiker schafft Muster, wie ein Maler oder ein Dichter … Und diese Muster, wie jene des Malers oder des Dichters, müssen schön sein.»[105] Bekanntlich liegt die Schönheit im Auge des Betrachters. Der französische Mathematiker Cédric Villani preist die Boltzmann-Gleichung voller Enthusiasmus als die schönste Gleichung der Welt.[106] Das ist für den Laien, der dieses Gleichungsungetüm (das ich Ihnen hier erspare) betrachtet, schwer nachvollziehbar.

Hardy erzählte einmal folgende Geschichte, die zeigt, wie Mathematiker ticken.[107] Er fuhr mit dem Taxi ins Spital, um den schwer kranken indischen Mathematiker Srinivasa Ramanujan zu besuchen. Ramanujan war sein ausserordentlich begabter Schüler gewesen. Mit nur 33 Jahren war er an Tuberkulose erkrankt. Bei der Begrüssung erwähnte Hardy, er sei mit einem Taxi mit der Nummer 1729 gefahren. Das sei eine furchtbar langweilige Zahl. Nein, gar nicht, erwiderte sein auf dem Sterbebett liegender Freund. 1729 sei die kleinste natürliche Zahl, für die es zwei Darstellungen als Summe zweier Kubikzahlen gibt, nämlich:

$$9^3 + 10^3 = 1729$$
$$1^3 + 12^3 = 1729$$

Seither heissen Zahlen mit dieser Eigenschaft *Taxicab-Zahlen.*

Nichts bewegt die Mathematiker mehr als Phänomene, deren Muster sich nicht erschliessen lassen. Ein derartiges Phänomen sind die Primzahlen, mit denen sich schon die alten Griechen auseinandergesetzt haben. Der irische Naturforscher Robert Boyle vertrat 1661 die Meinung, Primzahlen seien wie die chemischen Elemente *Urbausteine* der Natur, ein Stoff der Schöpfung.[108] Atle Naess lässt den Mathematiker in seinem Roman *Die Riemannsche Vermutung* über die sonderbaren Eigenschaften von Primzahlen räsonieren. Ihre, wie er sich ausdrückt, geradezu humoristische Verteilung zeige, dass Gott einen Sinn fürs Bizarre habe.[109] Primzahlen werden auf der Zahlenreihe zwar immer seltener, aber an unterschiedlichster Stelle treten sie wieder als Zwillinge auf. Zum Beispiel in der Folge 6917 – *6947* – *6949* – 6959.

Die *Primzahlzwillings-Vermutung* geht von einer unendlichen Anzahl solcher Zwillinge aus. 2013 hat der chinesische Mathematiker Yitang Zhan nach vier Jahren geheimer Forschung den Beweis erbracht, dass es unendlich viele Primzahlenpaare mit einem Maximalabstand von 70 Millionen gibt. Seither arbeiten Mathematiker auf der ganzen Welt an der Reduktion dieses Abstands. Am 6. Januar 2014 wurde der Beweis für den Maximalabstand von 270 publiziert. Es scheint nur noch eine Frage der Zeit, bis die Vermutung bewiesen ist. Damit könnte ein 2000 Jahre altes Problem der Mathematik ad acta gelegt werden.[110]

Wie humoristisch die Verteilung von Primzahlen ist, zeigt sich anhand einer Primzahlenreihe[111], die im 17. Jahrhundert entdeckt wurde:

31 – 331 – 3331 – 33 331 – 333 331 – 3 333 331 – 33 333 331

Endlich, so glaubte man, konnte den Primzahlen ein Muster abgerungen werden. Dumm nur, dass die nächste Zahl dieser Reihe nicht prim ist:

$$333\,333\,331 = 17 \times 19\,607\,843$$

Der griechische Mathematiker Euklid fasste in seinem Buch *Elemente* das damalige Wissen der Mathematik zusammen. Euklid hat bewiesen, dass für jede beliebige Zahl eine immer noch grössere Primzahl existiert. Es gibt also unendlich viele Primzahlen. Die Stringenz des Beweises von Euklid beeindruckt die Mathematiker noch heute. Sowohl Hardy in seiner *Apology* wie Hofstadter im Kultbuch *Gödel, Escher, Bach* illustrieren die Funktionsweise des Beweises mit Euklid. Wie sehr der alte Grieche immer noch geachtet wird, zeigt sich daran, mit welchen Worten Hofstadter Euklids Beweis charakterisiert: «Einfach, zwingend und schön.»[112] Mit dem Ausdruck *Euklidische Geometrie* wurde ihm ein Denkmal gesetzt.

Pierre de Fermat ist eine der faszinierendsten Figuren im Kabinett bedeutender Mathematiker.[113] Dabei war er in seinem Hauptberuf ein angesehener Jurist. Als *Fürst der Amateure* versetzte er im 17. Jahrhundert mit seinen mathematischen Rätseln ganz Europa in Aufruhr. Er hatte die Gewohnheit, Probleme darzulegen und darauf hinzuweisen, dass er eine elegante Lösung gefunden habe. Es schien ihm grosse Befriedigung zu bereiten, seine Kollegen damit zu ärgern, dass er die Lösung für sich behielt. Auch Fermat stand im Banne der Rätselhaftigkeit der Primzahlen. Mit seinem Konzept der *Fermatzahl* glaubte er, ein Rezept für die Konstruktion von grossen Primzahlen gefunden zu haben:[114]

$$F_n = 2^{2^n} + 1,$$

Er war überzeugt, dass die Zahl 4 294 967 297 (die sechste Fermatsche Primzahl) eine Primzahl ist. Es gäbe dafür zwar noch keinen Beweis, er habe aber eine grosse Anzahl von Teilern durch rechnerische Überprüfung ausgeschlossen. Hundert Jahre später entdeckte der Schweizer Mathematiker Leonhard Euler, dass die sechste Fermatsche Zahl durch 641 teilbar ist.

Auch Bernhard Riemann, der *Chopin der Mathematik*, versuchte sich am Rätsel der Primzahlen. In seiner Arbeit *Über die Anzahl der Primzahlen unter einer gegebenen Grösse* machte er mithilfe der Funktionentheorie weitgehende Aussagen über die Verteilung von Primzahlen, ohne allerdings den letzten Beweis zu finden. In dem Artikel findet sich auch ein Hinweis über die Nullstellen der Zeta-Funktion mit der kryptischen Bemerkung: «Hiervon wäre allerdings ein strenger Beweis zu wünschen; ich habe indes die Aufsuchung desselben nach einigen flüchtigen vergeblichen Versuchungen vorläufig beiseite gelassen, da er für den nächsten Zweck meiner Untersuchungen entbehrlich schien.»[115]

Das sei, meint Naess, der berühmteste Satz der Mathematik im 19. Jahrhundert. Er ist als *Riemannsche Vermutung* in die Geschichte eingegangen. Seither gilt sie als eines der grössten Rätsel der Mathematik. Es ist bis heute nicht gelöst.

Die Mathematik ist voller Rätsel, das macht sie selbst für Menschen, die von ihrer Komplexität eher abgeschreckt werden, so faszinierend. Cédric Villani gilt heute als der Popstar der Mathematik. Mit seinen Massanzügen, Foulards und einer Spinnenbrosche hat er sich zur Marke gemacht. Über Musik und

Comics schreibt er ebenso begeistert wie über Mathematik. In seinem auch für Normalverbraucher lesenswerten Buch *Das lebendige Theorem* beschreibt er sein Rennen gegen die Zeit um die Auszeichnung mit der Fields-Medaille.[116] Die Fields-Medaille gilt als Nobelpreis der Mathematik, sie wird nur alle vier Jahre an Mathematiker unter vierzig Jahren verliehen. Mathematik sei, meint Villani, wie ein Kriminalroman. Der Weg zur Überführung des Mörders sei ebenso wichtig wie die Lösung des Rätsels selbst. Villani gewann das Rennen.

Viele der grossen Rätsel der Mathematik harren seit Jahrhunderten auf eine Lösung. Der Thrillerautor Stieg Larsson lässt seine Protagonistin Lisbeth Salander in die Geheimnisse der Mathematik eintauchen.[117] Durch Zufall ist sie auf das Buch *Dimensions in Mathematics* von Dr. L. C. Parnault (Harvard University 1999) gestossen. Das Buch begleitet sie auf ihren Reisen, und sie verschlingt es mit grösstem Interesse. Versuchen Sie nicht, dieses Buch zu erstehen, es ist eine Erfindung von Stieg Larsson. Nicht aber das Rätsel um den grossen Fermatschen Satz, das Larsson in den zweiten Band seiner Millennium-Trilogie eingebaut hat. Fermats Vermutung, auch sein letzter Satz genannt, lautet: $a^n + b^n = c^n$ hat keine ganzzahligen Lösungen für n grösser als 2. Einfacher gesagt: Der Satz des Pythagoras gilt nicht für höhere Potenzen als zwei. Neben seine Vermutung schrieb Fermat einen Satz, der Generationen von Mathematikern zur Verzweiflung trieb: «Ich habe hierfür einen wahrhaft wunderbaren Beweis, doch ist dieser Rand hier zu schmal, um ihn zu fassen.»[118]

Mehr als 300 Jahre später stiess der zehnjährige Andrew Wiles auf diesen Satz.[119] Er faszinierte ihn derart, dass er sich vornahm, diesen Beweis zu erbringen. Über Jahre hinweg setzte er sich vor allem mit den vielen gescheiterten Versuchen auseinander. Mit genialer Kombinatorik glaubte er, den Beweis gefunden zu haben. Für die Mathematikszene war es der Vortrag des Jahrhunderts, als Wiles seinen Beweis am 23. Juni 1993 am Isaac Newton Institute in Cambridge präsentierte. Der Beifall war riesig, die Nachricht wurde in alle Welt verbreitet. Bis zur endgültigen Akzeptanz eines Beweises können dann allerdings noch gut und gern zwei Jahre vergehen. In einer sogenannten *Peer-Review* wird die Argumentation von den besten Mathematikern bis ins letzte Detail überprüft. Und tatsächlich stiessen die Prüfer auf einen Fehler. Was am Anfang wie eine Belanglosigkeit aussah, entpuppte sich bei tieferer Analyse als elementarer Fehler. Wiles arbeitete vierzehn Monate lang mit immer grösserer Verzweiflung an einer Lösung, bis ihn schliesslich, kurz bevor er aufgeben wollte, seine Inspiration rettete. «Es war so unbeschreiblich schön; so einfach und elegant. Ich konnte nicht begreifen, wie mir das hatte entgehen können, und 20 Minuten starrte ich nur ungläubig auf die Lösung.»[120]

Die Fields-Medaille hat Wiles übrigens nicht erhalten. Er war zur Zeit seines Beweises schon zu alt.

Das Clay Mathematics Institute in Cambridge (Massachusetts) erstellte im Jahr 2000 eine Liste der sieben grossen ungelösten mathematischen Probleme, der sogenannten Millennium-Probleme, darunter auch die Riemannsche Vermutung. Für die Lösung jedes dieser Probleme lobte das Institut eine Million US-Dollar aus. Die besten Mathematiker aus der ganzen Welt sind auf der Suche nach den entsprechenden Beweisen.

In Russland hat Mathematik eine lange Tradition.[121] Während der Sowjetherrschaft war die Mathematik einer der wenigen weitgehend ideologiefreien Räume. Begabte Kinder trafen sich in Clubs und Mathematiksommerschulen, wo sie sich auf die häufig stattfindenden Mathematikwettbewerbe vorbereiteten. Dabei ging es nicht nur um die Schaffung von Eliten, sondern auch um eine breite mathematische Bildung. Dieses System führte zu «einer enormen Dichte an brillanten Schülern, begnadeten Lehrern und Wissensdurst».[122] Die Schüler wurden über mehrere Stufen der Lehre bis zur Meisterschaft geführt. Die herausragenden Talente erreichten später gar die Stufe des künstlerischen Schaffens. Die letzte Stufe, unerreichbar für fast alle, sei Zauberei, schreibt Masha Gessen, die Biografin des russischen Mathematikers Grigori Perelman.[123] Wie Perelman ist Gessen Russin, Mathematikerin und Jüdin. Deshalb konnte sie ein so wirklichkeitsnahes und einfühlsames Porträt schreiben, obwohl sie nie mit Perelman sprechen konnte.

Perelman wurde 1966 in Leningrad, dem Zentrum der russischen Mathematikschulen, geboren. Mit zehn Jahren trat er in den mathematischen Club im Leningrader Pionierpalast ein. Mathematiker lassen sich grob in zwei Kategorien einteilen: die Algebraiker, die Probleme auf Zahlen und Variablen reduzieren, und die Geometer, die auf Formen bauen.[124] Perelman war ein Geometer, der etwas Mühe mit seinem sprachlichen Ausdruck hatte. Dafür hatte er eine enorme geometrische Einbildungskraft. Er schrieb nie etwas auf, bis er eine Lösung ausformuliert niederschreiben konnte. «Sein Gehirn schien ein universeller mathematischer Verdichter zu sein, der das Wesentliche aus einem Problem herauspressen konnte.»[125]

Perelmans mathematische Disziplin war die Topologie, eine Domäne, in der Eigenschaften wie Grösse, Ebenheit und Form keine Rolle spielen. Mario Livio bezeichnet die Topologie als «Gummituchgeometrie».[126] Sie untersucht die Eigenschaften, die unverändert bleiben, wenn der Raum gedehnt oder verformt wird. Für einige Mathematiker ist die Topologie die Quintessenz, «der Bereich der reinen Kategorien, der klaren Systeme, in denen sich die materielle Welt nicht einmischt».[127] Nun sind wir da angelangt, wo Mathematik für den gewöhnlichen Sterblichen eine surreale Dimension erhält. Aber auch in diesem Bereich der höchsten Komplexität geht es letztlich um die Erkennung von Mustern, um «stromlinienförmige Klarheit», wie sich Masha Gessen ausdrückt.[128]

Bald war Perelman der schnellste Denker seiner Altersgruppe

in der Sowjetunion. Er hatte allerdings ein Problem. Wegen seiner jüdischen Herkunft war er verdecktem und offenem Antisemitismus ausgesetzt. An der Universität waren nur wenige Plätze für Juden zugänglich, eine Promotion war praktisch nicht möglich. Dank seinem Sieg an der internationalen Mathematik-Olympiade (mit maximaler Punktezahl) und einflussreichen Fürsprechern wurde Perelman 1987 trotzdem als Doktorand am Leningrader Steklow-Institut zugelassen. Eine bessere Zeit hätte es nicht geben können. Glasnost und Perestroika führten zu einer Aufbruchsstimmung. Einige Jahre später kam der Zusammenbruch der Sowjetunion und viele der bestehenden Strukturen lösten sich auf. Sechs Jahre später löste Perelman ein seit Langem bestehendes mathematisches Rätsel, «auf eine Weise, die von atemberaubender Schönheit war».[129] Perelman bewies das *Soul-Theorem*, das er später für den Beweis der Poincaré-Vermutung benutzte. Dabei hatte er das Problem zunächst als Ganzes angesehen und reduzierte es dann auf das Wesentliche, das sich plötzlich als relativ einfach erwies. So agierte er ganz im Sinne von Wilhelm von Ockham (s. Kapitel 1). Damals nahm sich Perelman eines der sieben Millennium-Probleme vor: die Poincaré-Vermutung, das berühmteste Rätsel der Geometrie.

Villani liefert eine technische Umschreibung der Poincaré-Vermutung: «Eine glatte Mannigfaltigkeit der Dimension 3, die kompakt, ohne Rand und zusammenhängend ist, ist diffeomorph zur 3-Kugel.»[130] Das können Sie wohl so wenig verstehen wie ich. Grossen Mathematikern ist aber offenbar eine gewisse Boshaftigkeit eigen. Mit beiläufigen Randbemerkungen paralysieren sie Generationen von Mathematikern. Poincaré trieb mit den Worten «Aber diese Frage würde uns zu weit abführen» die besten Köpfe an die Grenze ihrer Fähigkeiten.[131] Grigori Perelman gelang es nach sieben Jahren intensivsten Nachdenkens, die Poincaré-Vermutung zu beweisen. Er hat damit bis heute als Einziger eines der sieben Millennium-Probleme gelöst und den grössten mathematischen Durchbruch der letzten 100 Jahre geschafft. Dafür sollte er mit der Fields-Medaille ausgezeichnet werden. Er lehnte die Auszeichnung ab, ebenso das Preisgeld von einer Million Dollar, das ihm für die Lösung eines der sieben Millennium-Probleme zugestanden hätte. Heute ist der «Mozart der Mathematik»[132], «der beste auf der ganzen Welt»[133], aus der Szene verschwunden und schweigt.

Anfang 2014 ging die Meldung um die Welt, der kasachische Mathematiker Muchtarbai Otelbajew habe die Lösung eines zweiten Millennium-Problems publiziert: eine Analyse von Existenz und Regularität von Lösungen der dreidimensionalen inkompressiblen Navier-Stokes-Gleichungen. Dabei geht es um ein mathematisches Instrument, das bewegliche Flüssigkeiten und Gase beschreibt. Das sei so anspruchsvoll, weil zu den Bewegungen der Fluiden auch Turbulenzen gehören. Otelbajew ist allerdings nicht der Erste, der glaubt, eine Lösung gefunden zu haben. Bisher haben sich alle Vorschläge als Fehlschläge erwiesen. Die Prüfung der Analyse von Otelbajew wird Monate oder gar Jahre dauern. Otelbajew möge daher den Champagner noch im Kühlschrank stehen lassen, wird ihm empfohlen.[134]

Von aussen gesehen erscheint das Lösen mathematischer Rätsel als brotlose Kunst. Wie zu Zeiten von Archimedes entsteht aber im Falle von Kriegen ein Bedarf nach dem Wissen von Mathematikern. Im Zweiten Weltkrieg spielten die als verschroben angesehenen Mathematiker plötzlich eine entscheidende Rolle. Nach ihrem Angriff auf Russland zerstörte die deutsche Wehrmacht praktisch die ganze russische Luftwaffe. Die russische Generalität beschloss, zivile Flugzeuge zu Bombern umzurüsten. Weil die Zivilmaschinen aber wesentlich langsamer flogen als die Militärmaschinen, mussten neue ballistische Berechnungen gemacht werden. Man holte Andrei Nikolajewitsch Kolmogorow, einen weltberühmten Wahrscheinlichkeitstheoretiker, nach Moskau. Der scharte die besten Mathematiker um sich und entwickelte die notwendigen Systeme. Von da an hatte die Mathematik in der Sowjetunion einen hohen Stellenwert.[135]

Ein noch schwierigeres Rätsel hatten zur gleichen Zeit die besten britischen Mathematiker zu lösen. Enigma ist das griechische Wort für Rätsel. ENIGMA hiess die legendäre Verschlüsselungsmaschine, die Ende des Ersten Weltkrieges in Deutschland entwickelt wurde. Erstmals wurde nicht mehr von Hand, sondern maschinell chiffriert. Die Maschine galt als unknackbar. Im Zweiten Weltkrieg wurden die besten britischen Mathematiker in Bletchley Park, einem streng bewachten Camp ausserhalb Londons, zusammengezogen. Ihr Auftrag: die Entschlüsselung von ENIGMA. Über Monate wurden deutsche Funksprüche im U-Bootkrieg abgefangen. Robert Harris hat die Geschichte in seinem auch verfilmten Thriller *Enigma* verewigt. «Das Ballett der sinnlosen Buchstaben tanzte vor seinen Augen. Aber sie waren nicht sinnlos. In ihnen war ein Sinn von allergrösster Bedeutung versteckt, sofern er ihn nur entdecken konnte. Aber wo war das Muster? Wo war das Muster? Wo war das Muster?»[136]

Der führende Codeknacker im Bletchley Park war Alan Turing. Der Durchbruch gelang ihm, als er endlich ein Muster entdeckte: ENIGMA verschlüsselte nie einen Buchstaben in sich selbst. Wenn *R* eingetippt wurde, konnte die Maschine jeden Buchstaben ausser *R* abschicken. Ein zweiter Ansatz war, Schlüsselwörter zu erraten, zum Beispiel Wörter wie Nebel oder Windgeschwindigkeit.[137] Als der Code geknackt wurde, war das ein entscheidender Durchbruch für die alliierten Streitkräfte. 1950 publizierte Turing den Artikel «Computing Machinery and Intelligence». Damit gab er den massgebenden Anstoss für die beispiellose Entwicklung der Computerindustrie. Nur zwei Jahre später wurde er wegen seiner Homosexualität verurteilt. Wenig später starb er, wahrscheinlich durch Suizid. Erst Ende 2013 wurde Turing mit einem von Königin Elisabeth II. ausgesprochenen *Royal Pardon* rehabilitiert.

«Mathematiker haben den Krieg gewonnen», mit diesem Satz beginnt der mit vier Oscars ausgezeichnete Film *A Beautiful Mind* über den amerikanischen Mathematiker John Nash. Nash, im Film von Russell Crowe gespielt, ist wohl das treffendste Beispiel für die viel zitierte Nähe von Genie und Wahnsinn. Der Film basiert auf dem Buch *Genie und Wahnsinn* von Sylvia Nasar.[138] Die Autorin hat das wechselhafte Leben des Genies im Detail recherchiert und eine grossartige Geschichte über Mathematik, psychische Krankheiten, Entwicklung von Behandlungsmethoden, Neid, Ehrgeiz, Freundschaft und die Ehe geschrieben. Über Letztere urteilte sie lakonisch: «Die Ehe ist mit Abstand die rätselhafteste aller menschlichen Beziehungen.»[139]

Villani seinerseits ist der Meinung, Nash sei «der vielleicht grösste Analytiker des (20.) Jahrhunderts».[140] Ein Genie zu sein, führte zu seiner Einsamkeit. Nash lebt seit seiner frühen Kindheit in einer eigenen Welt. «Am wichtigsten waren ihm nicht Menschen, sondern Muster.»[141] Er war in der Lage, aus 100 000 Faktoren die wichtigsten zu erkennen. «Er konnte die Struktur sehen.»[142] Mit 30 Jahren wurde er mit der Diagnose paranoide Schizophrenie in die Klinik eingeliefert. Die fürchterliche Krankheit bestimmte die nächsten dreissig Jahre seines Lebens. Er verlor alles, Familie, Karriere und seine Fähigkeit zum mathematischen Denken. Auf wundersame Art kehrten diese Fähigkeiten nach und nach zurück. Heute ist Nash «so normal wie Sie und ich», schreibt Villani, «ausser dass über ihm eine Aura schwebt, die weder Sie noch ich besitze».[143] 1994 konnte er den Nobelpreis für Wirtschaftswissenschaften in Empfang nehmen und dankte mit einer beeindruckenden Rede. Nach fast vierzig Jahren heiratete er seine Alicia, die nie aufgehört hatte, sich um ihn zu kümmern, ein zweites Mal.

In der Entwicklung der digitalen Technologie spielen Mathematiker eine zentrale Rolle. Dadurch verlor die Mathematik ihren Ruf als brotlose Kunst endgültig. Von besonderer Bedeutung war die Entwicklung von Algorithmen (s. Kapitel 6). Unter einem Algorithmus versteht man ein Schritt-für-Schritt-Verfahren, bei dem wie bei einem Rezept jeder Schritt definiert ist. Der schweizerische Mathematiker Leonhard Euler war einer der produktivsten Mathematiker aller Zeiten. Er erkannte im 18. Jahrhundert, dass es ausreichte, wenn die Seefahrer die Mondphasen «hinreichend genau» kannten, und er entwickelte ein «Rezept für eine hinreichend genaue Lösung». Das Rezept ergab zunächst ein grobes Resultat. Dieses Resultat wurde immer wieder in den Algorithmus eingegeben, bis das Resultat genügend präzise war.[144]

Wirklich lukrativ wurde es für die Mathematiker, als ihre immer komplexeren Modelle in der Finanzindustrie gefragt wurden. Der amerikanische Mathematiker James Simons gewann 1976 den Oswald-Veblen-Preis der American Mathematical Society für seine Arbeiten über Minimalflächen. 1978 wechselte er in die Finanzindustrie und gründete den Hedgefonds Renaissance Technologies Operations mit dem legendären Medallion Fund. Dank seiner überragenden mathematischen Fähigkeiten schaffte es Simons auf die Liste der 100 reichsten Amerikaner. Mittlerweile haben die Mathematiker nicht nur die Hedgefonds durchdrungen, sondern mit ihren Algorithmen auch die Welt von Big Data (s. Kapitel 6).

Der Held im Thriller von Harris wurde oft gefragt, warum er Mathematiker geworden sei. Er hat dann jeweils auf den Aufsatz von Godfrey Harold Hardy (s. S. 55) verwiesen. Die Idee des schönen Musters erläuterte er anhand der Zahl Pi, das Verhältnis des Umfanges eines Kreises zu seinem Durchmesser: 3,14… In dieser unendlichen Zahlenfolge nach dem Komma gibt es kein erkennbares Muster. Trotzdem hat Gottfried Wilhelm Leibniz 1682 ein «Muster von kristalliner Eleganz» gefunden:[145]

$$\sum_{k=0}^{\infty} \frac{(-1)^k}{2k+1} = 1 - \frac{1}{3} + \frac{1}{5} - \frac{1}{7} + \frac{1}{9} - \ldots = \frac{\pi}{4}$$

Seit Jahrhunderten beschäftigen sich Philosophen und Mathematiker mit der Beziehung zwischen Mathematik und der physikalischen Welt. Ein Geologe hat anhand von Beispielen aus der ganzen Welt das Verhältnis der Gesamtlänge eines Flusses zur Luftlinie von der Quelle bis zur Mündung errechnet. Der Mittelwert dieser Verhältnisse beträgt 3,14, entspricht also ungefähr der Zahl Pi.[146] Auch Primzahlen spielen in der Natur eine Rolle. Die *Magicicada septendecim*, die zu den periodischen Zikaden gehören, haben den längsten Lebenszyklus aller Insekten. Alle siebzehn Jahre schlüpfen sie ans Tageslicht und überfallen in riesigen Schwärmen den Osten der USA. Die *Magicicada tredecim* tut alle dreizehn Jahre dasselbe. Die Feinde dieser Zikaden sind Parasiten, die ebenfalls eine lange Lebensdauer haben. Wenn die Lebensdauer der Parasiten nicht exakt gleich gross ist wie jene der Zikaden, sind die Zikaden durch die Primzahl von ihren Feinden geschützt.[147]

Viele der grössten Mathematiker von Galilei bis Newton lieferten Hinweise, dass der Natur ein mathematisches Design zugrunde liegt.[148] Im berühmten Manifest von Galileo Galilei von 1632 steht dazu: «(Das Buch der Natur) ist in der Sprache der Mathematik geschrieben, und deren Buchstaben sind Dreiecke, Kreise und andere geometrische Figuren, ohne die … man durch ein dunkles Labyrinth irrt.»[149]

Galileo Galilei, 450 Jahre vor der Drucklegung dieses Buches zur Welt gekommen, war ein Geometer. Über 300 Jahre später ging der Stern eines anderen Geometers auf. Mit dem Satz: «Fast alle normalen Muster der Natur sind rau»,[150] eröffnet Benoît B. Mandelbrot nicht nur seine Biografie, es ist die Klammer über seinem ganzen kurvenreichen Forscherleben. Die geometrischen Formen der euklidischen Geometrie sind glatt, deshalb reichen sie nach Mandelbrot nicht aus, um die *unendlich grosse Rauheit und Komplexität* der Natur abzubilden. Mandelbrot war im Warschauer Ghetto aufgewachsen. Sein Onkel Szolem war ein grosser Mathematiker, der sich unsterblich in die Arbeiten Poincarés verliebte. Szolem vertrat die Auffassung, Mathematik gleiche der Poesie und Mathematiker hätten mathematische Schönheit zu erfinden.[151] Onkel Szolem emigrierte vor Kriegsausbruch nach Frankreich und sorgte dafür, dass sein begabter Neffe ihm folgen konnte. Während Szolem ein reiner Mathematiker war, pendelte Benoît zwischen verschiedenen Welten. Seine Dissertation schrieb er über die Zipfsche Theorie über die Verteilung von Wörtern (s. Kapitel 1). Später setzte er sich mit so verschiedenen Themen wie Kybernetik, Spieltheorie, Aktienmärkte, Störgeräusche beim Telefonieren, Galaxien, Hydrologie und Küstenlinien auseinander. Dabei verband er Ökonomie, Ingenieurwissenschaften, Mathematik und Physik. Sein Interesse umfasste aber ebenso Musik, Malerei und Dichtung.

Antrieb für diese ausserordentlich breite Forschungstätigkeit bildete das, was er seinen *Kepler-Traum* nannte: die Suche nach einem verbindenden Muster. Er wollte über all die verschiedenen Bereiche einen «Ordnungsgrad entdecken, wo andere nur regelloses Durcheinander erkannten»[152]. Die verbindenden Elemente waren die Ungleichheit und die Rauheit. Basierend auf den Untersuchungen von Zipf und Pareto (s. Kapitel 1) kam er zum Schluss, dass extreme Ungleichheit ein vertrautes Muster in der gesamten Natur und Kultur ist.[153] Nicht der «milde Zufall», der auf der Glockenkurve basiert, sei bestimmend, sondern der «wilde Zufall»[154], mit einer lang auslaufenden Verteilungskurve, die unter Umständen «schwindelerregend abstürzt».[155] Um dieses verbindende Element zu umschreiben, kreierte Mandelbrot das neue Wort *fraktal*, abgeleitet vom lateinischen «fractus», das gebrochen oder zerschmettert bedeutet. 1982 veröffentlichte er *Die fraktale Geometrie der Natur*. Dieses Werk wurde nicht zuletzt wegen der reichhaltigen und aussergewöhnlichen Illustrationen zum grossen Erfolg. Das Grundprinzip der fraktalen Geometrie ist die Selbstähnlichkeit. Selbstähnlichkeit ist ein Muster für wiederkehrende, in sich selbst verschachtelte Strukturen. Die unendlichen Wiederholungen führen dazu, dass bei beliebiger Grösse immer wieder die gleiche Struktur erscheint. Mandelbrot hat aufgezeigt, dass die Selbstähnlichkeit bei so verschiedenen Gegenständen wie Pflanzen, Arterien und Küstenlinien existiert. So wiederholt sich bei einem Baum die Verästelung vom Stamm über die Äste bis in die Blätter. In einer farbenfrohen DVD werden diese Phänomene anschaulich erläutert und illustriert.[156] Mandelbrot meint, grosse Künstler hätten die fraktale Geometrie intuitiv erfasst. Der japanische Meister Hokusai habe Fraktale gemalt. In dessen berühmtestem Bild, der grossen Welle von Kanagawa, sehe man in der Krone der Welle viele kleine Wellen.

Das verblüffendste Ergebnis, zu dem Benoît Mandelbrot in seinem langen Forscherleben kam, ist die Reduktion der «überwältigenden Komplexität der Wirklichkeit auf ein einziges Grundprinzip»,[57] auf eine «atemberaubend einfache mathematische Formel».[158] «Man wähle eine Konstante c und lege den Ausgangspunkt z an den Anfang der Ebene; man ersetze z durch z mal z, addiere die Konstante c und wiederhole das.»[159]

Die Schönheit dieser Formel, meint Mandelbrot, liege in der Verbindung der einfachen Ideen Skalierung, Iteration und Dimension. Die fraktale Geometrie wurde zu einem Instrument, um die Natur zu verstehen. Heute finden sich Anwendungen der fraktalen Geometrie in Computerprogrammen, in der Medizin, in Umweltproblemlösungen, Technik und Design. Michael Frame, Mathematikprofessor in Yale, fasst im letzten Satz seines Nachwortes zu Mandelbrots Biografie die Essenz seines Wirkens zusammen: «Unergründliche Wunder entspringen einfachen Regeln … unentwegt wiederholt.»[160]

Die treibende Kraft hinter aller Mathematik ist die Suche nach Mustern. Nichts bringt dies treffender auf den Punkt als die berühmteste aller Gleichungen, Einsteins Formel: $E = mc^2$

(Energie ist gleich Masse mal Lichtgeschwindigkeit im Quadrat).

Die Gleichung ist so einfach, schön und populär, dass sie heute auf T-Shirts, Kaffeetassen und Autokissen prangt.

Auf einen Blick

Die treibende Macht hinter der Mathematik ist der Wunsch, universell gültige Muster zu erkennen.

Assoziationen beflügeln die Kreativität.

Im Gegensatz zu den Natur- und Sozialwissenschaften gibt es in der Mathematik eine unumstössliche Wahrheit. Sie wird durch den Beweis erschlossen.

Eine elegante Beweismethode ist die «reductio ad absurdum», die von der Annahme ausgeht, eine Behauptung sei falsch. Wenn beim Beweis Widersprüche auftreten, ist die Hypothese richtig.

Albtraum und Antrieb für Mathematiker sind Phänomene, die kein erkennbares Muster aufweisen. Deshalb sind Primzahlen noch immer mit einem Mysterium umgeben.

Selbst hinter der unendlich grossen Rauheit und Komplexität der Natur stehen relativ einfache Muster.

4. Lakonisch schlägt geschwätzig

> «So hat mich jedes Mal, wenn ich den tiefsten Sinn der Welt zu erfühlen glaubte, vor allem ihre Einfachheit erschüttert.» *Albert Camus*

Das folgende Zitat muss eine besondere Bedeutung haben, sonst würde es nicht gleichzeitig einigen der grössten Köpfe der Geschichte zugeschrieben: Voltaire, Johann Wolfgang Goethe, Mark Twain, Karl Marx: «Entschuldigen Sie, dass ich Ihnen einen langen Brief schreibe, für einen kurzen habe ich keine Zeit.»

Steve Jobs, ein gnadenloser Vereinfacher, hat den gleichen Gedanken etwas anders formuliert: «Einfachheit heisst, sich durch die Tiefen der Komplexität hindurchzuarbeiten.»[161] Mit anderen Worten: Einfach ist aufwendiger als kompliziert. Einfach ist wirkungsvoller als kompliziert. Weniger ist mehr.

Die alten Griechen waren die Ersten, die sich systematisch mit der Wirkung der Sprache auseinandergesetzt haben. Aufgrund der damaligen technischen Möglichkeiten ging es primär um die Rede. Schon in der Antike war man sich bewusst, dass es nicht relevant ist, wie die Dinge sind, sondern wie sie erscheinen. Aus der praktischen Beredsamkeit entwickelten die Griechen und später die Römer die reflektierte Beredsamkeit mit zwei Unterdisziplinen, «rhetorica» als Theorie und «oratoria» als Praxis der Beredsamkeit.[162] Die antiken Rhetoriklehrer befassten sich mit der Logik des überzeugenden Arguments und mit der Wirkung einer Rede. Wirkung wird durch die Verbindung von Logik und Emotion erzeugt. Dass in diesem Zusammenhang von der Rede*kunst* gesprochen wird, deutet auf die hohen Anforderungen an einen Redner hin. Nur wer die Verbindung von Logik und Emotion beherrscht, dringt in die «Seele der Rede-Adressaten»[163] ein. Redekunst beruht auf Wissen, glaubhafter Argumentation und Überzeugen durch Gefühlsgründe. Zu den obersten Stilqualitäten einer Rede gehört die «brevitas», die Kürze, die durch Vermeidung alles Überflüssigen erreicht wird.[164] Anders gesagt: Jedes überflüssige und jedes unpräzise Wort vermindert die Wirkung.

Als Alexander der Grosse mit seinem Heer gegen Sparta vorrückte, sandte er den Spartanern eine Nachricht: «Wenn ich euch besiegt habe, werden eure Häuser brennen, eure Städte in Flammen stehen und eure Frauen zu Witwen.» Die Spartaner antworteten: «Wenn!» Der spartanische Staat hiess Lakonien, und seither hat sich *lakonisch* als Begriff für lapidar, kurz und bündig eingebürgert. Wobei blosse Kürze nicht ausreicht. Lakonie, meint der Linguist Werner Heidermann, entstehe durch den Kontrast von sprachlicher Kargheit und inhaltlicher Grandiosität.[165] Als unschlagbares Beispiel zitiert er Artikel 14 des Deutschen Grundgesetzes: «Eigentum verpflichtet.» Mit nur zwei Wörtern bilde man damit einen Gegenstand ab, der vorher ganze Manifeste, Programme und Resolutionen gefüllt habe. Der legendäre Schweizer Rechtsgelehrte und Schöpfer des ersten Zivilgesetzbuches, Eugen Huber, drückte sich nicht weniger lakonisch aus: «Heirat macht mündig.» Übrigens auch in Artikel 14. Auch der in einem Wettbewerb erkorene beste erste Satz der deutschen Literatur besticht durch Lakonie: «Ilsebill salzte nach.» Mit diesen drei Worten leitet Günter Grass seinen Wälzer *Der Butt* ein. Was bleibt von Willy Brandt? «Mehr Demokratie wagen.» Lakonisch ist auch die erste Frau an der Spitze einer grossen Automobilfirma. Bevor Mary Barra CEO von GM wurde, war sie Personalchefin. Dort hatte sie den zehnseitigen «Dresscode» durch «Angemessene Kleidung» ersetzt.

Früher seien deutsche Erzählungen eher auf Breite und Länge angelegt gewesen, schreibt Heidermann. Dieser Stil hätte sich in jüngerer Zeit ins Zuspitzende gewandelt. Heute werde eher getuscht, wo früher gemalt wurde. Die eigentliche Wiege der literarischen Lakonie steht aber in den USA. Beflügelt von der Möglichkeit, kurze Geschichten in Zeitschriften zu publizieren, entwickelte sich ein literarisches Genre, die *Short Story*. Als ihr Begründer gilt Edgar Allan Poe. Mitte des 19. Jahrhunderts etablierte er die kurze Erzählung als eine eigene Gattung in der Literatur.[166] Dabei legte er besonderen Wert auf die darstellerische Ökonomie. Der erste Gigant der amerikanischen Literatur war Samuel Langhorne Clemens, besser bekannt als Mark Twain.[167] 1884 publizierte er den Roman *Die Abenteuer des Huckleberry Finn*. Noch ein halbes Jahrhundert später war Ernest Hemingway der Meinung, die gesamte amerikanische Literatur stamme von *Huckleberry Finn* ab. Seither sei nichts geschrieben worden, was dieser Geschichte gleichkomme. Mark Twain bemühte sich unentwegt um die Präzision seiner Sprache. Ein durchschnittliches englisches Wort bestehe aus viereinhalb Buchstaben, sagte er und war stolz, dieses Durchschnittswort auf dreieinhalb Buchstaben reduziert zu haben.

«Der Unterschied zwischen einem nahezu richtigen Wort und einem treffenden ist gross – es ist der Unterschied zwischen einem Glühwürmchen und einem Blitz.»[168] Dieser Satz, meint der *Spiegel*, sollte noch heute über jedem Reporterschreibtisch hängen. In einem berühmten, 1946 publizierten Aufsatz über die englische Sprache stösst George Orwell in das gleiche Horn: «Verwende niemals ein langes Wort, wenn ein kürzeres zur Verfügung steht.»[169]

Der Nobelpreisträger Ernest Hemingway revolutionierte die Short Story.[170] Sprachliche Präzision und Sparsamkeit waren seine stilistischen Tugenden. In einer berühmt gewordenen Analogie vergleicht er sein Schreiben mit einem Eisberg. Ein Eisberg bewege sich so anmutig, weil man sieben Achtel seiner Masse nicht sehe. Entscheidend sei das, was man nicht sehe – und schreibe. Ein Schriftsteller solle nur das wirklich Wesentliche an die Oberfläche bringen. Der Leser empfinde das Ausgesparte genau so stark wie das Geschriebene. Oder mit anderen Worten: je knapper die Sätze, desto gewichtiger wird das, was zwischen den Zeilen gelesen werden kann. Hugo von Hofmannsthal hat den gleichen Gedanken bereits 1906 formuliert: «Das Tiefe muss man verstecken. Wo? An der Oberfläche.»[171]

Die Short Story kommt sofort zur Sache. Mit zwei, drei Sätzen wird eine Atmosphäre geschaffen, eine Sogwirkung erzielt, der sich der Leser schwer entziehen kann. Das Ende der Geschichte wird oft ausgelassen, es ist der Teil des Eisbergs unter Wasser und soll den Leser zum Weiterdenken anregen. Schon einige Jahrzehnte früher wurden japanische Holzschnitte nach dem Muster der Eisberg-Theorie angefertigt.[172] Vor allem die Holzschnitte von Hokusai wurden in Europa populär und führten zu einer *Revolution des Sehens*. Den japanischen Meistern gelang es, selbst unsichtbare Elemente wie klirrende Kälte von Schnee, den süssen Duft einer Blüte oder eine plötzliche Windböe zu visualisieren. Die grössten europäischen Künstler wie van Gogh und Manet übernahmen dieses Konzept der verknappten Bildauffassung. In einem Aufsatz «Ästhetik des Unterlassens» setzt sich der Künstler und Hochschullehrer Peter Radelfinger mit dem auseinander, was man nicht sieht. Selektivität sei eine Konstituante unserer Wahrnehmung: «Wir sehen nicht, weil wir nicht blind sind, sondern wir sehen, weil wir für das meiste blind sind.»[173]

Was für Hemingway die nicht sichtbare Masse des Eisbergs ist, sind für Radelfinger die Luft- und Zwischenräume in einer bildlichen Darstellung. Diese Lücken seien die Projektionsräume für den Betrachter. Der Soziologe Niklas Luhmann kommt zum gleichen Schluss. Um etwas Bestimmtes zu beobachten, müsse man das Allermeiste ignorieren. Die dänische Schauspielerin Sofie Gråbøl wurde als Kommissarin Lund zur Kultfigur. Ihr Ideal, meint sie in einem Interview, seien Schauspieler, die nicht alles sagen. Das rege die Phantasie an. Wenn jemand alles sage, fühle sie sich als Zuschauerin arbeitslos.[174] Im Roman *Der grosse Kater* des Schweizer Schriftstellers Thomas Hürlimann spielt eine Katze eine wichtige Rolle. Die Katze ist immer präsent, obwohl sie kaum erwähnt und nicht detailliert geschildert wird. «Mit mehr Sätzen wäre sie paradoxerweise nicht da, oder sie wäre keine Katze, darin besteht das Spiel.»[175] Das Spiel besteht im gekonnten Weglassen. Das Weglassen von Information regt die Neugier an und bringt beide Gehirnhälften in Schwung. Deshalb lieben wir Geschichten. Und deshalb bleiben gute Geschichten haften.

Sprachlicher Reduktionismus ist das Markenzeichen amerikanischer Literatur. Einer ihrer prägnantesten Vertreter ist Raymond Carver. Richard Ford, selbst ein Monument amerikanischer Literatur, bezeichnet ihn als «amerikanischen Tschechow». In einem Vorwort zu einer Sammlung von Short Stories von Carver umschreibt er dessen Stil: knappe, reflektierte Dichte, Stärke des Gefühls, nichts Überflüssiges, nichts, was über einen rudimentären Realismus hinausgeht. Die Wirkung dieser Literatur sei umwerfend.[176] Auch Carvers Erzählungen basieren auf der Eisbergtheorie. Seine Erzählung *Abendschule* leitet er mit folgendem Absatz ein: «Meine Ehe war gerade auseinandergegangen. Ich fand keine Arbeit. Ich hatte eine neue Freundin. Aber sie war nicht in der Stadt. So sass ich in einer Bar an der Theke und trank ein Glas Bier, und zwei Frauen sassen ein paar Hocker weiter, und eine von den beiden sprach mich an.»[177]

Fünf kurze Sätze und wir sind mitten in dieser Geschichte. 2013 wurde der Nobelpreis für Literatur einer klassischen Short-Story-Autorin verliehen. In allen Rezensionen von Alice Munros Schaffen wird die Kargheit ihres Stils hervorgehoben. Ihre Geschichten sind meist unspektakuläre Alltagsgeschichten, oft aber mit unerwarteten Wendungen und fehlender Auflösung. «Von der betörenden Magie des Alltags», «Meisterhafte Verknappung»: Das waren die Headlines nach der Preisverleihung. Das wirklich Spektakuläre bei Alice Munro ist der lang anhaltende kommerzielle Erfolg einer literarischen Gattung, die als schwer vermarktbar gilt. Ihr neustes, nach der Verleihung des Nobelpreises veröffentlichte Buch *Liebes Leben*, wurde als «noch lakonischer» angepriesen.[178]

Sprachlicher Reduktionismus ist nicht eine ausschliessliche Domäne amerikanischer Literatur. 1957 wurde Albert Camus mit dem Nobelpreis für Literatur ausgezeichnet. Französisch ist eine im Vergleich zum Englischen weitschweifende Sprache. Camus hat sich gegen «die klangvollen, breit ausgesungenen, schier endlosen Satzkaskaden des französischen Kulturbürgertums»[179] mit einem betont nüchternen Stil bewusst abgegrenzt: «Es gilt einfach zu sein, wahr ...»[180] Ob er sich dabei von der modernen American Novel hat beeinflussen lassen, ist umstritten. Sicher ist, dass ihn Pascal Pia, Journalist, Schriftsteller und Résistance-Kämpfer mit seinem Ideal des lakonischen Journalismus beeinflusst hat.[181] Dank Pia sei Camus zum «Helden des Schreibens am Nullpunkt der Literatur» geworden. *L'Etranger* wurde sein erster Grosserfolg und zu einem Schlüsselwerk der europäischen Literatur. Die Biografin Iris Radisch schreibt, dieser Roman sei «so unsentimental und direkt wie der neue und schnelle Ton der jungen Amerikaner, doch nicht so hart und männlich wie dieser».[182] Der Literaturtheoretiker Roland Barthes war ein langjähriger kritischer Begleiter von Camus. Sie trafen sich auf der Suche nach einer «neuen, starken authentischen Schreibweise». Barthes umschrieb den gesuchten Stil als «Schreibweise der Einfachheit im Sinne eines ästhetischen Prinzips».[183] Als Merkmale dieser Schreibweise definierte er: lesbar, konkret, direkt, kunstlos.

Keine Frage: Ein Text, aus dem alles Überflüssige entfernt wurde, ist ungleich wirkungsvoller als all das Geschwätzige, Floskelhafte, Verschwurbelte, das man immer wieder zu lesen bekommt. Oder mit anderen Worten: Auch beim Texten ist Ockhams Rasiermesser (s. Kapitel 1) ein unerlässliches Instrument. Was übrigens auch George Orwell in seinem oben zitierten Artikel so gesehen hat: «Wenn es möglich ist, ein Wort zu streichen, muss man es immer streichen.»[184]

Der Bestsellerautor Ken Follett bezeichnet Kürzen als «literarisches Viagra». Ein Satz müsse so transparent wie eine Fensterscheibe sein.[185]

Gegen Ende des 19. Jahrhunderts erfasste die Stilrichtung, die alles Überflüssige zu entfernen suchte, auch andere Bereiche. Der österreichische Architekt Adolf Loos wurde durch seine Ausbildung in Chicago geprägt. Dort packte ihn der «ästhetische Reiz des ornamentlosen, durch Proportion und Beschaffenheit für sich selber sprechenden Materials».[186] 1898 verfasste er die Streitschrift *Die Potemkinsche Stadt.* Sein Credo bringt er auf die einprägsame Formel «Weg mit dem Ornament».[187]

Über die Baukultur in der Habsburger Monarchie schreibt er: «Diese Renaissance- und Barockpaläste sind nicht einmal aus dem Material, aus dem sie hergestellt erscheinen ... ihre ornamentalen Details, ihre Consolen, Fruchtkränze, Cartouchen und Zahnschnitte sind angenagelter Cementguss.» Anstelle der Rückwärtsorientierung und der «parvenuhaften Scheinnobilitierung» solle die Ornamentlosigkeit treten, ehrlich und wahrhaftig. Lakonie in der Gestaltung, könnte man sagen. Die Abschaffung des Ornaments und die handwerkliche Verarbeitung von wertvollem Material wurden zur Grundlage der modernen Architektur, das Echte zur Vorgabe. «Wer eine Stütze verbirgt, begeht einen Irrtum; wer eine falsche Stütze macht, begeht ein Verbrechen.»[188]

Das war der Boden, auf dem 1919 eines der einflussreichsten Experimente im Bereich der Architektur, der Kunst und des Designs gestartet wurde. Das *Staatliche Bauhaus* in Weimar war eine Kunstschule nach einer völlig neuen Konzeption. In ihrem Programm sind die Grundsätze festgehalten: «Kunst entsteht oberhalb aller Methoden, sie ist an sich nicht lehrbar, wohl aber das Handwerk. Architekten, Maler, Bildhauer sind Handwerker im Ursinne des Wortes, deshalb wird als unerlässliche Grundlage für das bildnerische Schaffen die gründliche handwerkliche Ausbildung gefordert.»[189]

Selten waren an einer Ausbildungsstätte derart hochkarätige Lehrer am Werk: Walter Gropius und Ludwig Mies van der Rohe gelten noch heute als stilbestimmend. Paul Klee, Wassily Kandinsky, Oskar Schlemmer, László Moholy-Nagy unterrichteten nicht nur Malerei, sondern auch Typografie, Bildhauerei und Bühnenbild. Obwohl auf Druck der Nazis 1933 geschlossen, gilt das Bauhaus noch heute als Heimstätte der Avantgarde der klassischen Moderne. Das von Mies van der Rohe 1930 gebaute Haus des Fabrikanten Tugendhat in Brünn ist leider zerstört worden. Mit seiner «schlichten Schönheit», den klaren Linien und den spärlich möblierten Räumen bleibt es bis heute ein Beispiel für zeitlos gute Architektur.[190] Je weniger ein Raum belegt ist, desto grösser ist seine Wirkung. Dieses Prinzip gleicht in erstaunlichem Masse der Eisbergtheorie von Hemingway. Nach den architektonischen Verirrungen nach dem Zweiten Weltkrieg sind heute die Prinzipien des Bauhauses in der Architektur wieder das Mass der Dinge.

Manchmal geht es eine Weile, aber in jüngster Zeit hat selbst die Uhrenindustrie das Abspecken wieder zur Maxime gemacht. Nicht mehr diese riesigen überladenen Chronometer sind stilbildend, sondern visuelle Eleganz. Schlichte Formen mit edlen Materialien sollen das «Bedürfnis nach einfachen Zeitmessern, die ohne grossen Firlefanz daherkommen», bedienen.[191] Dieser Trend hat sowohl die Luxusmarken wie die Billiguhr Swatch erfasst. Die neue System 51 hat nur etwa halb so viele Bestandteile wie ein standardisiertes mechanisches Werk. Das ist das Ergebnis «wahrer Ingenieurskunst». Vermarktet wird die Uhr als «Inbegriff der Vereinfachung».[192]

Die Bauhaus-Ästhetik beeinflusste auch Steve Jobs. Eine erste Lektion hatte er bereits von seinem Vater erhalten: «Es ist wichtig, … die Rückseiten von Schränken und Zäunen kunstfertig zu gestalten, auch wenn sie verborgen sind.»[193] 1981 nahm Jobs an einem Design-Kongress in Aspen teil. Dort wurde er erstmals mit den Ideen von Gropius und Mies van der Rohe konfrontiert und war schwer beeindruckt. Er übernahm die Überzeugung, dass es zwischen Kunst und Industriedesign keinen Unterschied geben sollte. «Echte Künstler vereinfachen» wurde zu seinem Credo:[194] «Unser Managementstil, das Produktdesign, die Werbung, alles ist auf Einfachheit zugeschnitten, auf echte Einfachheit.»[195]

John Maeda war Professor für Medienkunst, Design und Informatik am Massachusetts Institute of Technology (MIT), als er 2006 das Buch *The Laws of Simplicity* veröffentlichte.[196] Im ersten Satz des Vorwortes zur deutschen Ausgabe schreibt er, dass das Bauhaus einer seiner wichtigsten intellektuellen Bezugspunkte sei. Er will die Tradition des Bauhauses fortsetzen, indem er Form, Funktion und Menschen in eine sinnvolle Beziehung bringt. Am Anfang seiner *Gesetze* steht das Reduzieren: «Der einfachste Weg zur Vereinfachung führt über durchdachtes Weglassen.»[197]

Mit der Präzisierung «durchdacht» betont auch Maeda, dass Reduktion keineswegs ein banaler Prozess ist. Ein anderes Gesetz Maedas heisst «Vertrauen». Damit folgt er implizit der These von Niklas Luhmann (s. Kapitel 1), dass Vertrauen eine der wichtigsten Voraussetzungen ist, um Komplexität zu reduzieren. Maeda erzählt dazu eine schöne Geschichte: Obwohl er schon oft an Schwimmkursen teilgenommen hatte, konnte er immer noch nicht schwimmen. Der Durchbruch kam erst, als sein Lehrer nicht mehr versuchte, ihm das Schwimmen beizubringen, sondern ihm das Vertrauen in das Wasser vermitteln konnte.

Auch Garr Reynolds folgt den Überlegungen von Steve Jobs und John Maeda. Mit *ZEN oder die Kunst der Präsentation. Mit einfachen Ideen gestalten und präsentieren* hat er grosse Beachtung gefunden.[198] Seinem Buch stellt er ein Zitat von Leonardo da Vinci voran: «Einfachheit ist die höchste Form der Raffinesse.»

Auch Steve Jobs lehnt sich an da Vinci an, wenn er sagt: «Simplicity is the ultimate sophistication.»[199] Das Vorwort zu Reynolds hat Guy Kawasaki, einst verantwortlich für die Vermarktung des Macintosh, in Form von minimalistischen Charts geschrieben. Der erste Chart lautet: «95% aller Präsentationen sind zum Kotzen.» Nummer zwei: «Tatsächlich sind es 99%.» Die Idee des Buches wird auf zwei gegensätzlichen Charts präsentiert:

Das kennen wir:	*Das wollen wir:*
Langeweile	*Kürze*
Langatmigkeit	*Schlichtheit*
Hässliche Folien	*Lesbarkeit*
Inhaltliche Leere	*Kernaussage*

Die wichtigsten Prinzipien von Reynolds sind Einfachheit, die Kunst der Reduzierung, Verzicht auf alles Überflüssige, keine Dekoration, dafür wunderbares Design – ein Programm, wie es von Adolf Loos hätte stammen können. Oder vom österreichischen Publizisten, Satiriker und Lyriker Karl Kraus, der die puristische Auffassung von Architektur auf das geschriebene Wort übertrug: Man muss den «Phrasensumpf» trockenlegen und den dekorativen Geist der Epoche «bis aufs Messer bekämpfen».[200]

Nach Reynolds dreht sich alles um die Frage, was zählt und was zu vernachlässigen ist. Entsprechend muss der ganze Geist – Logik, Analyse, Darstellung – genutzt werden, um das grosse Bild zu sehen. Diese Kompetenz nennt er «Symphonie».[201] Die Parallele zum «coup d'œil» von Clausewitz (s. Kapitel 1) ist offensichtlich. Anders ausgedrückt: Entscheidend ist die Fähigkeit, Muster zu erkennen.

Reynolds empfiehlt, sich bei der Vorbereitung einer Präsentation zu fragen: «Könnte sich das Publikum nur an ein einziges Detail Ihrer Präsentation erinnern, welches müsste es sein?»[202]

Ein hervorragendes didaktisches Mittel zur Reduktion auf die Kernaussagen ist der *Fahrstuhltest*.[203] Stellen Sie sich vor, dass Sie endlich die Gelegenheit haben, Ihr Projekt dem Marketingchef zu präsentieren. Sie kommen bestens vorbereitet in die Chefetage, der Marketingchef kommt gerade aus seinem Büro und sagt Ihnen, er habe einen dringenden Termin. Sie könnten ihm das Projekt auf dem Weg in die Tiefgarage vorstellen. Die Reduktion eines komplexen Sachverhaltes auf ein Statement von 30 bis 45 Sekunden ist eine elementare Anforderung in der Kommunikation. So lange haben Sie auch Zeit, um Ihr Anliegen in einem Interview für die Nachrichten im Fernsehen darzulegen. In der Kommunikation gibt es dafür einen zentralen Begriff: *die Botschaft*. Eine gute Botschaft zu formulieren, ist harte Arbeit. Zuerst müssen die wesentlichen Fakten gesammelt und strukturiert werden. Dann wird dieses Muster in Sätze gekleidet. Dieser erste Entwurf wird getreu der Maxime «Schreiben heisst überarbeiten» behandelt. Alles Überflüssige wird entfernt. Jedes Wort wird auf die Waage gelegt.

«Das passende Wort ist das sicherste Zeichen für das richtige Denken.»[204] Was Cicero vor über 2000 Jahren in seiner Schrift *De oratore* bemerkte, ist auch heute noch uneingeschränkt gültig. Abstrakte Wörter, die keine Emotionen auslösen, werden, wenn immer möglich, durch konkrete Wörter ersetzt. Oder, um mit Mark Twain zu sprechen: Der Unterschied zwischen einer geschwätzigen und einer lakonischen Botschaft ist so gross wie jener zwischen einem Glühwürmchen und einem Blitz. Reynolds liefert dafür ein Beispiel:

Geschwätzig: «Unsere Mission ist, das international führende Raumfahrtunternehmen zu werden. Um dieses Ziel zu erreichen, müssen wir uns auf unsere Stärken besinnen, im Team entwickelte Ideen fördern und strategisch weitreichende Entscheidungen treffen.»

Lakonisch: «Bis zum Ende der Dekade schiessen wir einen Mann auf den Mond und sorgen dafür, dass er heil wieder runterkommt.»[205]

Die erste Aussage kommt uns bekannt vor. Es sind diese gestanzten Managementfloskeln vieler sogenannter Visionen, Leitbilder, Missionen oder Strategien. Die zweite Aussage lässt keine Frage offen. Sie stammt von John F. Kennedy. Wie man weiss, wurde der Auftrag erfüllt.

Die von Reynolds propagierten Grundsätze der Einfachheit und Schlichtheit gelten nicht nur für das geschriebene und gesprochene Wort, sondern auch für die eine Rede unterstützenden Folien. Reynolds spricht in dem Zusammenhang von einer «Geissel namens Folie». Zu sagen, dass man ohne Folie präsentiert, habe den gleichen Effekt, wie wenn man mitteilen würde, dass man die Rede ohne Hose halten wolle.[206] Dabei stinke fast jede PowerPoint-Präsentation nach verfaulten Eiern. In der Tat wirkt sich der «Fluch des Wissens» bei PowerPoint-Präsentationen besonders drastisch aus. «Visuelle Eleganz», empfiehlt Reynolds, erreiche man durch Entfernen und Weglassen.[207]

Jack Welch, der langjährige CEO von General Electric und als Manager des 20. Jahrhunderts ausgezeichnet, hat nach einem Motto von Reynolds gehandelt: «Jede gute Idee kann man mittels eines Stocks in den Sand zeichnen.»[208] Er konnte sich stundenlang mit der Entwicklung einer möglichst überzeugenden Darstellung befassen. Seine von Hand gezeichneten Schaubilder waren so einfach und transparent, dass es jedem Mitarbeitenden klar war, wohin sich GE bewegte.[209]

Der Kolumnist der *New York Times*, Thomas Friedman, gilt in den USA als *Meinungsmaschine*. Sein Grundsatz lautet: «Message Discipline». Bevor er etwas vereinfacht, muss er es umfassend verstanden haben. Dann reduziert er die Botschaft auf ein Bild oder eine Analogie, die er unentwegt wiederholt. Sein Buch leitet er mit einer Geschichte ein. Die Rolltreppe zu seiner U-Bahn-Station war sechs Monate lang defekt. Jeden Tag hat es Stau gegeben, den die Menschen gelassen hingenommen haben. Dann flog Friedman nach China zu einer Konferenz, die in einem neuen Kongresszentrum stattfand. Das neue Zentrum war in acht Monaten gebaut worden. Das Schlimme, meint Friedman, sei nicht, dass die Reparatur der Rolltreppe sechs Monate gedauert habe, sondern dass man sich in seiner Heimat mit solchen Zuständen abfinde. Mit dieser kurzen Geschichte hat Friedman die Leser von Beginn weg gepackt. Sein Thema ist ungleich besser abgesteckt, als mit einer abstrakten Einleitung.[210]

Der Psychologe Gary Klein (s. Kapitel 2) spricht von der «Macht von Geschichten».[211] Eine gute Geschichte enthält Dramatik, Empathie und Weisheit. Eine gute Geschichte ist plausibel, konsistent, ökonomisch (auf das Wesentliche beschränkt) und einzigartig. Eine gute Geschichte bleibt in der Erinnerung haften. Eine gute Geschichte lässt uns ohne besondere Anstrengungen lernen, das ist ihr unschätzbarer Wert. Klein hat auch über die Kommunikation von Absichten geforscht. Die Fähigkeit, anderen Menschen Ziele zu vermitteln, ist in manchem Kontext von überragender Bedeutung. «Die Kunst (sic!), die eigenen Absichten zu beschreiben, besteht darin, so wenig Informationen wie möglich zu vermitteln. Je mehr Einzelheiten Sie einbeziehen, umso unverständlicher wird, was Ihnen am wichtigsten ist.»[212]

Antoine de Saint-Exupéry, wie Camus auch kein Vertreter der französischen Sprachornamentik, hat das stilistische Ideal der Einfachheit in der Sprache auf eine einprägsame Formel gebracht: «Perfektion ist nicht dann erreicht, wenn es nichts mehr hinzuzufügen gilt, sondern wenn man nichts mehr weglassen kann.»[213]

Auf einen Blick

Man muss sich tief durch die Komplexität hindurcharbeiten, um zur Einfachheit zu gelangen.

Einfach ist wirkungsvoller als kompliziert.

Lakonie ist die Verbindung von sprachlicher Reduktion mit inhaltlicher Grandiosität.

Verwenden Sie nie ein langes Wort, wenn ein kürzeres zur Verfügung steht.

Weg mit dem Ornament, in der Sprache und auf Charts. Streichen Sie alles Überflüssige. Radikal.

Gekonntes Weglassen erzeugt Bilder, die haften bleiben.

Schlichtheit erzeugt visuelle Eleganz.

Machen Sie vor jeder Präsentation den Fahrstuhltest: Formulieren Sie das Wesentliche in einer Botschaft von 45 Sekunden.

Erzählen Sie Geschichten. Eine gute Geschichte ist kurz, unterhaltsam und lehrreich.

5. Ein Werkzeug für Piloten, Ärzte und Manager

«Und nur aufgrund dieser einen Massnahme rettete die Checkliste meinem Patienten das Leben.» *Atul Gawande*

14 Jahre lang war ich CEO der Schweizerischen Bundesbahnen SBB. Eine Bahn mit einer komplexen Netzstruktur und einem dichten Fahrplan ist eine *High Reliability Organisation*. Oberstes Ziel ist, «auf dem Strich zu fahren», das heisst eine exakte Umsetzung des Produktionsplanes. Wenn auf dem Strich gefahren wird, sind die Kunden glücklich, weil auf ihrer Bedürfnisskala die Pünktlichkeit zuoberst steht. Wenn auf dem Strich gefahren wird, ist auch die Unternehmung glücklich, weil dann ihre Ressourcen optimal genutzt werden. Nur wird dieses komplexe System, das ohne jeglichen Unterbruch Tag und Nacht läuft, jeden Tag von einigen Hundert Ereignissen gestört. Die Ursachen dieser Ereignisse sind zum einen hausgemachte Pannen von Lokomotiven und Wagen, Fahrleitungen, Stellwerken und anderen Elementen des Systems. Zum anderen wird ein Teil der Ereignisse durch externe Faktoren verursacht. Das beginnt mit den Eingangsverspätungen im internationalen Verkehr und endet mit Personenunfällen, einem neutralen Begriff für die erschreckend hohe Anzahl von Suiziden auf dem Netz. All diese Störungen haben die unangenehme Eigenschaft, sich im Netz aufzuschaukeln. Auf dem Strich fahren ist wohl das Ziel, in der Realität läuft der operative Betrieb täglich irgendwo im Ausnahmezustand. Jeder Bahnchef hat zwei Leben, eines vor dem ersten grossen Unfall und eines danach. Davor schützen kann ihn aufgrund der Gesetze der Wahrscheinlichkeit einzig eine kurze Amtszeit. Ein Grossereignis ändert das Leben eines Bahnchefs

von einer Sekunde auf die andere. So wie damals, als ich mit dem TGV gemütlich von Paris nach Hause fuhr und kurz vor der Schweizer Grenze die Nachricht erhielt: «Der Strom ist auf dem ganzen Netz der SBB ausgefallen.»

Dieses System gleicht einem menschlichen Organismus, der sich ebenfalls permanent im Zustand eines labilen Gleichgewichtes befindet. Funktionieren kann das nur, wenn die Tausende von Menschen ihre Arbeit mit grösster Präzision erfüllen. Disziplin ist eine Eigenschaft, die nicht mehr unbedingt dem Zeitgeist entspricht. Aber Disziplin ist das wichtigste Element der Kultur einer Bahnunternehmung. Deshalb sind die Bahnen straff hierarchisch strukturiert. Ich habe mich immer etwas darüber mokiert, dass eine Bahn eine Art paramilitärisches Unternehmen ist. Ich habe gelernt, dass in dieser straffen Hierarchie ein unangenehmes Phänomen besteht: Schlechte Nachrichten werden nach oben gefiltert. Das war auch ein Grund, engen Kontakt mit den Eisenbahnern zu pflegen. Dabei musste ich immer wieder von elementaren Führungsfehlern Kenntnis nehmen. Besonders geärgert habe ich mich, wenn ich feststellen musste, dass Angst als Führungsinstrument eingesetzt wurde. Natürlich gab es Führungsrichtlinien, schön bebildert und geschrieben und etwa 15 Seiten lang. Bloss lagen die verstaubt in den Schubladen, und die vielen Worte blieben ohne nachhaltige Wirkung. Ich weiss nicht mehr, was der konkrete Auslöser war, diesen Papiertiger durch bloss noch fünf Führungsgrundsätze zu ersetzen. Die Absicht aber war klar. Diese wenigen Grundsätze sollten nicht Papier bleiben, sondern in den Gehirnen aller Führungspersonen verankert werden.

Die fünf Grundsätze lauten:

1. Präzise Ziele
2. Klare Verantwortungen
3. Die richtige Person auf dem richtigen Platz
4. Antizipieren und Handlungsalternativen vorbereiten
5. Priorität den Mitarbeiterinnen und Mitarbeitern

An jeder Führungsveranstaltung haben wir einen dieser Grundsätze anhand konkreter Vorkommnisse behandelt. Der Stoff dazu fehlte jeweils nicht. Ich habe nie recht verstanden, warum es so schwer fällt, klare Ziele zu formulieren. Ein Ziel, dessen Erreichung nicht gemessen werden kann, ist wertlos. Trotzdem sind viele auf Glanzpapier gedruckte Leitbilder, Missionen und Visionen voll von Leerformeln. Das ist umso bedauerlicher, weil es keinen grösseren Motivator gibt als ein anspruchsvolles Ziel. Es zeigt sich immer wieder, dass viele Konflikte auf unklar definierte Verantwortungen zurückzuführen sind. Wenn das Verantwortungsprofil definiert ist, gilt es, eine Person einzusetzen, deren Fähigkeitsprofil dieser Verantwortung entspricht. Dieser Personalentscheid ist einer der schwierigsten Entscheide überhaupt. Selbst bei Personen, die man schon lange kennt, kann man nicht mit Sicherheit wissen, wie sie sich in einer neuen Aufgabe und einem neuen Umfeld bewähren. Antizipation erfordert Systematik und Kreativität. Wir haben Antizipation gepredigt und sind doch in die Falle gelaufen. Es hat uns tief in unserem Selbstverständnis als Meister der Pünktlichkeit getroffen, als am 22. Juni 2005 der Strom auf dem ganzen Netz der SBB ausfiel und einige Hunderttausend Reisende während einiger Stunden blockiert waren. Die Schande war noch grösser, als wir feststellen mussten, dass dieser Fall in unserem Risikomanagement schlicht nicht vorgesehen war. Der Grundsatz «Priorität den Mitarbeiterinnen und Mitarbeitern» war umstritten. Wir haben immer wieder die Klage gehört, die administrative Belastung sei so hoch, dass man nicht die Zeit habe, sich ausreichend mit den Mitarbeitenden zu beschäftigen. Die Anweisung war danach unmissverständlich: Die erste Priorität gilt den Mitarbeitenden, das Administrative hat im Nachgang zu erfolgen.

Mit gehörigem zeitlichem Abstand und vielen neuen Erfahrungen in verschiedensten Bereichen bin ich immer noch überzeugt, dass mit diesen wenigen Grundsätzen 80 Prozent der Wirkung erzielt wird. Seit meinem Abgang bei der SBB lehre ich an der Universität Bern *Praktisches Management*, was auch eine Hommage an den Übervater aller Management-Lehrer, Peter Drucker, und sein Hauptwerk *Practice of Management* ist. Die Essenz meiner Vorlesung sind 17 Checklisten, getreu dem Pareto-Prinzip. Das Buch über den Stoff heisst sinnigerweise *Von der Schublade ins Hirn*.[214]

Wie wir gesehen haben, kommt Kahneman zum Schluss, dass selbst flüchtig konzipierte Algorithmen gut genug sind, um Urteile von Experten zu übertreffen.[215] Wesentlich höher, sagt Kahneman, sei der Nutzen von sorgfältig entwickelten und getesteten Checklisten. Er verweist auf ein Buch, das in den USA zum Bestseller wurde: *A Checklist Manifesto*, geschrieben vom amerikanischen Chirurgen Atul Gawande.[216] Gawande ist der Ansicht, dass die stetig zunehmende Komplexität der Medizin Ursache von zunehmenden Problemen bei ihrer Anwendung ist.[217] Das Wissen nimmt derart rasant zu, dass ein Einzelner nicht mehr in der Lage ist, es sicher und zuverlässig einzusetzen. Medizin ist zur Kunst des Umgangs mit extrem komplexen Situationen geworden. Mittlerweile sind 13 000 Krankheiten klassifiziert, stehen 6000 Medikamente und 4000 chirurgische Verfahren zur Verfügung. Eine Studie an 41 000 Trauma-Patienten in Pennsylvania hat gezeigt, dass 1224 Diagnosen in 32 261 Kombinationen vorgenommen wurden. Das sei, meint Gawande, wie wenn man 32 261 verschiedene Flugzeugtypen fliegen müsste.[218]

Menschen machen Fehler. Immer und immer wieder. Gawande ist der festen Überzeugung, dass es nur eine Methode gibt, um grobe Fehler zu vermeiden: die Checkliste. Die Erarbeitung einer Checkliste basiert auf der Erkenntnis, dass es selbst in extrem komplexen Situationen ein Muster mit hoch signifikanten Variablen gibt. Ausdruck der Komplexität sind die von Gawande erwähnten Zahlen. Umso drastischer ist der Gegensatz zu den bloss vier physiologischen Funktionen, die den körperlichen Zustand eines Patienten mit hoher Sicherheit umschreiben: Körpertemperatur, Puls, Blutdruck und Atmung. Wie Gawande berichtet, wurde die systematische Überprüfung dieser vier Vitalzeichen erst seit den 1960er-Jahren zur Regel. Interessant ist sein Hinweis, dass es nicht etwa die Ärzte waren, die den Anstoss dazu gegeben haben, sondern das Pflegepersonal. Inzwischen ist noch eine fünfte Funktion dazu gekommen: die Schmerzempfindung auf einer Skala von eins bis zehn.[219]

Eines der Hauptrisiken bei der Behandlung im Spital ist die Infektion. Gawande erzählt die Geschichte des Intensivmediziners Peter Pronovost, der im Johns Hopkins Hospital eine Checkliste entwickelte, um beim Legen eines zentralen Venenkatheters Infektionen zu vermeiden.[220] Erstens die Hände mit Seife waschen, zweitens die Haut des Patienten mit dem Antiseptikum Chlorhexidin reinigen, drittens den Patienten ganz mit sterilen Tüchern abdecken, viertens Mundschutz, Haarschutz, sterilen Kittel und Handschuhe tragen, fünftens die Stelle, an welcher der Zugang gelegt wurde, steril abkleben. Diese Liste erschien so simpel und selbstverständlich, dass sie von vielen als Unfug betrachtet wurde. Anlässlich einer einmonatigen Beobachtung zeigte sich indessen, dass die Ärzte bei einem Drittel der Patienten mindestens einen Schritt ausliessen. Diese Erkenntnis führte dazu, die Verantwortung für die Einhaltung der Checkliste nicht mehr den Ärzten zu überlassen, sondern einer Person des Pflegepersonals zu übertragen. Ein Jahr lang wurde nach dieser Methode gearbeitet. «Die Ergebnisse waren von einer solchen Wucht, dass sie ihre Zahlen kaum glauben konnten.»[221] Die Checkliste hatte in dem einen Spital allein 43 Infektionen und acht Todesfälle verhindert und zwei Millionen Dollar Kosten eingespart.

Aufgrund dieser Erfahrungen wurden am Johns Hopkins Hospital weitere Checklisten erprobt. Jede dieser Checklisten führte zu einem spektakulären Rückgang der kritischen Fälle. Die neue Methode führte schliesslich zu einer Halbierung der durchschnittlichen Verweildauer auf der Intensivstation. Atul Gawande war von diesen Resultaten fasziniert. Wie konnte es sein, dass eine an sich so läppische Massnahme wie die Einführung einer Checkliste eine derartige Wirkung erzeugen konnte?

Auf der Suche nach Antworten untersuchte er Fälle mit hoher Komplexität in anderen Sparten. Sein Spital plante einen Neubau. Er traf sich mit dem Projektleiter Joe Salvia und fragte ihn, wie er sicherstelle, dass seine Bauten richtig geplant und gebaut würden. Salvia erläuterte ihm, dass ein Gebäude mit einem menschlichen Körper verglichen werden könne. Es habe eine Haut, ein Gefässsystem, ein Atemsystem und ein Nervensystem. An einem Bau könnten bis 16 Gewerke beteiligt sein. Er lud ihn auf eine seiner Baustellen ein, wo ein 32-stöckiger Komplex mit 65 000 Quadratmetern Büro- und Wohnfläche am Entstehen war. Gawande stellte fest, dass diese Aufgabe mindestens so monströs war wie vieles, das ihm in der Medizin begegnet war. Im Lagezentrum der Projektleitung wurde ihm der Baustellenplan gezeigt und erläutert. Gawande meinte, dieser Baustellenplan sei nichts anderes als eine einzige lange Checkliste.[222]

Ein weiterer Bereich, mit dem sich Gawande auseinandersetzte, waren die Ereignisse nach dem Wirbelsturm Katrina.[223] Eigenartigerweise habe sich damals ausgerechnet die Handelskette Wal-Mart am besten verhalten. Der CEO der Handelskette gab eine einzige simple Anweisung: «Dieses Unternehmen wird dem Ausmass der Katastrophe angemessen handeln.» Er wies sein Führungspersonal an, wenn nötig auch Entscheide ausserhalb ihres Kompetenzbereiches zu treffen. Innerhalb von 48 Stunden war die Hälfte der Läden wieder geöffnet. Von den Mitarbeitern vor Ort trafen aber immer alarmierendere Nachrichten über das Ausmass der Katastrophe ein. Nun begannen die Filialleiter von Wal-Mart eigenmächtig, Windeln und Babynahrung zu verteilen. Wal-Mart handelte so vorbildlich, dass daraus der Schluss gezogen wurde, die Privatwirtschaft sei dem Staat überlegen. Gawande findet das falsch. Die eigentliche Lehre laute, dass unter echt komplexen Bedingungen, wenn das Unvorhergesehene die Herrschaft übernimmt, jeder Versuch der zentralen

Steuerung fehlschlagen müsse. Es braucht ein ausgewogenes Verhältnis zwischen Freiheit und Disziplin. Die Checklisten müssen daher zwei gegensätzlichen Mustern dienen: Die eine Checkliste bietet Gewähr, dass entscheidende Aufgaben nicht übersehen werden, die andere sorgt dafür, dass die Leute miteinander reden.[224]

Checklisten, so der Schluss von Gawande, sind nicht nur eine Hilfe, sondern eine Grundvoraussetzung, um komplexe Situationen zu meistern. Aufgrund seiner Forschungen ist auch Gigerenzer zum Schluss gekommen, dass in komplexen Situationen die Anwendung einfacher Faustregeln zu besseren Resultaten führt als die Anwendung komplexer Regeln.[225] Der Lawinenpapst Werner Munter (vgl. Kapitel 1) bestätigt diesen Befund und meint, die Reduktionsmethode sei eine Form von Checkliste.[226]

Die Weltgesundheitsorganisation WHO stellte Mitte der Nullerjahre eine Explosion der Zahl der weltweit vorgenommenen Operationen fest. Im Gleichschritt damit nahm die Zahl der dadurch ausgelösten Todesfälle zu. Die Quote stieg auf eine Höhe an, die vergleichbar war mit jener der an den Folgen von Malaria erfolgten Anzahl Todesfälle. Atul Gawande wurde in ein Team berufen, das Methoden zur Umkehr dieses Trends entwickeln sollte. Gawande war zunächst skeptisch. Es müsste eine Methode entwickelt werden, die in jedem OP auf der Welt angewandt werden konnte – bei 2500 verschiedenen chirurgischen Eingriffen. 2007 fand hierzu in Genf eine grosse internationale Konferenz statt. Es wurden verschiedene Ansätze wie Fortbildungsprogramme oder Anreizsysteme diskutiert und verworfen. Auch Regelwerke schienen kaum Erfolg versprechend. Gawande erzählte von seinen Erlebnissen in den düsteren Kellergewölben der WHO, wo ganze Paletten von nutzlosen Richtlinien lagerten, gut in Folien eingeschweisst zum Schutz gegen Staub. Gawande untersuchte Beispiele der Medizingeschichte und stellte fest, dass erfolgreiche Programme (zum Beispiel bei der Bekämpfung von Pocken und Cholera) drei Merkmale aufwiesen: Sie sind einfach, messbar und übertragbar. Der Vorschlag, eine universal anwendbare Checkliste zu entwickeln, fand an der Konferenz in Genf einigen Zuspruch. Man war sich einig, dass ein solches Instrument einfach und effektiv sein müsste.[227]

Die vier grossen Todesrisiken bei einer Operation sind Infektion, Blutung, unsichere Anästhesie und unerwartete Ereignisse. Gawande war sich sicher, dass die ersten drei Risiken durch die Vermeidung von Versäumnissen massiv reduziert werden könnten. Weit komplexer schien das vierte Todesrisiko. Eine Checkliste, die all das Unerwartete umfassen würde, war nicht vorstellbar. Wenn man aber die Operationsteams dazu bringen könnte, vor einem Eingriff kurz innezuhalten und den Fall durchzusprechen, würde das eine positive Wirkung entfalten. Eine Schwierigkeit lag darin, dass die Zusammensetzung von Operationsteams ständig wechselt und es nicht aussergewöhnlich ist, dass sich einzelne Mitglieder kaum kennen. Hinzu kommt, dass ein solches Vorgehen tradierte Strukturen infrage stellt. Operationen waren bis anhin Einpersonenstücke im OP, auf der Bühne des Chirurgen. Der Psychologe Brian Sexton befragte über 1000 OP-Mitarbeiter aus Spitälern in fünf Ländern.[228] 64 Prozent der Chirurgen beurteilten die Teamarbeit positiv, aber nur 39 Prozent der Assistenzanästhesisten und gar nur 28 Prozent der Schwestern und Pfleger waren dieser Meinung. Ausserdem stellte er fest, dass ein Viertel der Chirurgen der Ansicht war, ihre Entscheide sollten nicht hinterfragt werden. Seine Studien zeigten weitere überraschende Ergebnisse. Wenn sich vorher unbekannte Menschen mit ihrem Namen vorstellten, wurde die Kommunikation im Team wesentlich besser beurteilt. Er sprach in diesem Zusammenhang von einem «Aktivierungsphänomen».[229]

Elf Chirurgen erklärten sich bereit, die Checkliste in ihren Operationen einzusetzen. Nach wenigen Monaten stieg die positive Einschätzung der Qualität der Teamarbeit merklich an und die Fluktuation von Pflegern und Schwestern sank um zwei Drittel. Dank dem neuen Vorgehen konnten viele Fehler vermieden werden. Diese ermutigenden Resultate führten die Arbeitsgruppe der WHO dazu, die verschiedenen angewandten Checklisten zu verdichten und in einem grossen, weltweiten Feldversuch zu testen. In dieser neuen Checkliste waren drei *pause points* vorgesehen. Während dieser Unterbrüche sollte das Team innehalten und Punkte der Checkliste abarbeiten. Bei den ersten Tests zeigte sich, dass die Checkliste noch zu lang und in einigen Punkten zu wenig eindeutig war.

Für Gawande war das der Anstoss, sich intensiv mit der Fliegerei auseinanderzusetzen, wo Checklisten seit Jahren überragende Bedeutung haben. Die erste Checkliste wurde vor Jahrzehnten für den B17-Bomber erstellt. Piloten haben gelernt, dass ihr Gedächtnis und Urteilsvermögen unzuverlässig sind. Gawande nahm Kontakt mit Dan Boorman auf, der für Boeing Checklisten entwickelt und sich das «Ausschalten menschlichen Versagens zu einer Wissenschaft gemacht» hat.[230] Es fiel ihm auf, wie kurz die einzelnen Checklisten, in einer gut lesbaren Schrift geschrieben, waren. In der Fliegerei werden zwei Typen von Checklisten angewandt, die Routinelisten für den Normalfall und die «non normal»-Checklisten für Notsituationen. Von Boorman lernte er, dass schlechte Checklisten ungenau und zu lang sind.[231] Wenn man versucht, mit einer Checkliste jeden einzelnen Schritt zu bestimmen, schaltet man das Gehirn der Leute aus, anstatt es einzuschalten. Eine ideale Checkliste umfasst fünf bis neun Punkte, die auf einer Seite Platz haben sollen. Sie muss insbesondere die *Killerpunkte* umfassen, deren Auslassung die grössten Folgen haben.

Von grosser Bedeutung ist der Feldtest einer Checkliste. Für Gawande war es erleichternd, von Boorman zu hören, dass sich erste Entwürfe immer als unzulänglich herausstellten. Checklisten, erklärte ihm Boorman, seien keine umfassenden Anleitungen. Es seien einfache Hilfsmittel für Fachleute. «Wenn sie kurz und bündig, zweckdienlich und konsequent sind, retten sie Tausende Leben.»[232] Gawande beschreibt in seinem Buch, wie sich am 25. Januar 2009 Flugkapitän Chesley B. Sullenberger und sein erster Offizier für den US-Airways-Flug 1549 vorbereiten.[233] Die beiden sind vorher noch nie zusammen geflogen. Gewissenhaft gehen sie alle Checklisten zusammen durch. Sie stellen sich der Kabinenbesatzung vor und machen ein kurzes Briefing. So werden sie in kürzester Zeit zu einem Team. Wenig später vollzieht Sullenberger die berühmte Notlandung im Hudson River. Auch wenn die Öffentlichkeit einen Helden wollte, meint Gawande, die wundersame Rettung sei vor allem der systematischen Vorbereitung und der Abarbeitung von Checklisten zu verdanken.

Nach diesem Abstecher in die Luftfahrt machte sich das Forschungsteam der WHO daran, seine Checklisten praktikabler zu gestalten. Dabei stellte sich ein Problem. Wer sollte mit der Checkliste beginnen und das Zeichen für die Pausen geben? Sollte es der Chirurg sein, die unbestrittene Autorität im Team? Oder wie in der Luftfahrt der nicht fliegende Pilot? Man entschied sich für eine nicht hierarchische Lösung, obwohl das bei den Chefchirurgen nicht auf Gegenliebe stiess. Im Laufe des Verfahrens wurden die Checklisten immer besser. Nun mussten Krankenhäuser für einen neuen Feldtest gefunden werden. Bedingung war, dass eine Statistik der Komplikationen vor und nach dem Einsatz von Checklisten erstellt wurde. Schliesslich konnte der Test mit acht Spitälern auf der ganzen Welt durchgeführt werden.

Es zeigte sich, dass die Arbeit mit der Checkliste eine Kulturrevolution auslöste, weil überkommene Hierarchien infrage gestellt wurden.[234] Vor allem die Vorstellungsrunde zu Beginn war umstritten. Die Pflegekräfte schätzten sie, viele Chirurgen hatten aber Probleme damit. Sie weigerten sich, das Verfahren anzuwenden, das sie für Zeitverschwendung hielten. Trotz aller Widerstände konnte eine Lernkurve beobachtet werden. Die ersten statistischen Auswertungen zeigten erstaunliche Ergebnisse. In allen acht Krankenhäusern war die Quote der grössten Komplikationen um 36 Prozent gesunken, die Sterbefälle hatten um 47 Prozent abgenommen und die Infektionen waren um fast die Hälfte zurückgegangen. Befragungen der Operationsteams zeigten, dass 80 Prozent der Ansicht waren, die Checkliste sei einfach anzuwenden und führe zu mehr Sicherheit. Trotzdem blieben viele Chirurgen immer noch skeptisch.

Eine gute Checkliste deckt Muster von Verfehlungen und Versäumnissen auf. Sie geht davon aus, dass auch unbestrittene Experten nicht ohne Fehler sind. Gawande zitiert in diesem Zusammenhang den Psychologen Geoff Smart, der in einer Studie 51 Venture-Kapitalgeber untersucht hat.[235] Er umschreibt diesen Typus von Investor als jemanden, der Wetten auf minderjährige Unternehmer mit wirrem Blick und fettigen Haaren eingeht. Statistisch gesehen scheitern acht von zehn Start-ups. Aufgrund seiner Studie hat er die Investoren in sieben Typen eingeteilt: der *Kunstkritiker*, der auf den ersten Blick aufgrund seiner Intuition urteilt; der *Schwamm*, der viel Informationen über den Businesscase und die Kandidaten sammelt, dann aber intuitiv entscheidet; der *Staatsanwalt*, der die Kandidaten mit inquisitorischen Fragen löchert; der *Bittsteller*, der die Leute mehr umwirbt, als sie zu bewerten; der *Terminator*, der ein Projekt grundsätzlich als zum Scheitern verurteilt ansieht; der *Flugkapitän*, der aufgrund der Fehler in der Vergangenheit eine Checkliste erstellt hat und das Projekt damit beurteilt. Bei den *Flugkapitänen* erwiesen sich 10 Prozent der ursprünglichen Bewertungen als fehlerhaft. Über alle Projekte erreichten sie eine Rendite von 80 Prozent. Bei allen anderen Kategorien zusammen waren 50 Prozent der Bewertungen fehlerhaft, die Rendite betrug 35 Prozent. Keine Frage, das Verfahren mit der Checkliste ist das mit Abstand beste. Erstaunlich nur, wie wenig es angewandt wird.

Bei den Chirurgen, meint Gawande, habe die Zurückhaltung gegenüber Checklisten damit zu tun, dass eine Checkliste Expertise und Hierarchie infrage stellt. Gawande meint aber auch, dass man Checklisten generell nicht mag, weil sie mühsam sein können.[236] Das Arbeiten mit Checklisten mache nicht besonders Spass. Aber Checklisten retten Tausende von Leben. Am 24. Januar 2009 veröffentliche die WHO die Checkliste Chirurgie. Seither wurde sie in verschiedenen Ländern zum Standard.

«Mühsam ernährt sich das Eichhörnchen» betitelt die *Schweizerische Ärztezeitung* einen Artikel über die Implementierung der WHO-Checkliste in der Schweiz.[237] Die Wirksamkeit der Checkliste sei evident, nicht zuletzt, weil sie die hierarchiebedingt gehemmte Kommunikation im interprofessionellen Team verbessere. In einer Studie zeigte sich aber, dass die Checks vor und nach der Operation oft vernachlässigt würden. Diese unvollständige Umsetzung habe eine reduzierte Wirksamkeit zur Folge. Nur eine von vier befragten Fachpersonen konnte über 80 Prozent der Wissensfragen zur WHO-Checkliste richtig beantworten. Aber 87 Prozent wünschten sich, dass die WHO-Checkliste angewandt würde, sollten sie selber operiert werden. Das zeigt, dass nicht nur das Erarbeiten einer wirkungsvollen Checkliste eine Herausforderung ist. Entscheidend ist ihre Umsetzung, und die kann ohne Überzeugung auf der obersten Hierarchieebene nicht gelingen. Dem steht die immer noch erstaunlich grosse Machtdistanz in gewissen Institutionen entgegen. 2007 führte eine Fehldiagnose in einem Schweizer Regionalspital zu einem tragischen Todesfall. Obwohl verschiedene Mitarbeiter des Chirurgenteams die Diagnose infrage stellten, wurden die Anweisungen der Chefärztin widerspruchlos akzeptiert. Die Chefärztin wurde wegen fahrlässiger Tötung verurteilt. In den Kommentaren zum Urteil wurde darauf hingewiesen, dass das Hierarchiedenken unter Ärzten eben nach wie vor weit verbreitet sei.[238]

Ende der 1990er-Jahre besuchten wir einige US-Güterbahnen. Wir wollten verstehen, was die Treiber des Erfolgs dieser börsenkotierten Unternehmungen sind. Vom ersten Kontakt an drängte sich aber noch ein anderes Thema in den Vordergrund. Es war unübersehbar, dass das Thema Sicherheit von der kleinsten bis zur grössten Unternehmung absolute Priorität hatte. Wir haben begriffen, dass die aggressiven amerikanischen Anwälte das Prozessmanagement amerikanischer Firmen prägen. «If you can't do the job safely, don't do the job, ask for help», war in grossen Lettern in der Unterhaltswerkstätte von Union Pacific in North Platte, Nebraska, zu lesen. Dort überreichte man uns ein Medaillon, das jeder der Eisenbahner von Union Pacific bei sich trägt. Darauf eine einfache Botschaft: «Take the extra five minutes.» Das ist nichts anderes als eine Checkliste mit einem einzigen Punkt. Es ist die Aufforderung, sich vor der Arbeitsaufnahme mental auf eine andere Welt einzustellen. Eine Welt, in der Gefahren allgegenwärtig sind. Tatsächlich haben wir auch bei den Schweizer Bahnen festgestellt, dass die sogenannten Signalfälle (wenn ein Lokomotivführer ein auf Halt gestelltes Signal überfährt) nicht etwa in Stresssituationen, sondern nach Urlaubs- und Ruhetagen gehäuft auftreten. «Take the extra five minutes» arbeitet, um die Terminologie des Psychologen Sexton zu verwenden, mit dem Aktivierungsphänomen. Die Wirkung einer derart simplen Massnahme kann überwältigend sein. Den gleichen Effekt hat Punkt 1 der Checkliste für einen Triebwerksausfall einer einmotorigen Cessna: «Fliegen Sie das Flugzeug.» Auch diese Anweisung soll den Mindset beeinflussen und den Piloten davor bewahren, verzweifelt zu versuchen, das Triebwerk neu zu starten und darob seine Primäraufgabe zu vernachlässigen.[239]

Im Schlusskapitel seines Buches gibt Gawande zu, dass er selber die von ihm mitentwickelte Chirurgen-Checkliste eher pro forma eingesetzt hat. Selbst er, der sich so intensiv mit der Problematik auseinandergesetzt hat, war im Innersten davon überzeugt, dass ihm selber keine banalen Fehler unterlaufen würden. Er täuschte sich. Es sei keine Woche vergangen, in der die Checkliste keine Wirkung gezeigt hätte. In der Woche, in der er das Schlusskapitel seines Buches schrieb, seien in fünf Fällen drei Treffer aufgetreten.

Ich bin mit einem Arzt befreundet. Nach der Lektüre von Gawande war ich so begeistert, dass ich ihm das Buch schenkte. Wir haben viel darüber diskutiert, und er hat mich auf den oben zitierten Artikel in der *Schweizer Ärztezeitung* aufmerksam gemacht. Ich befand mich gerade im Ausland, als er mir eine SMS schickte, er müsse sich am nächsten Tag einer Operation an den oberen Rückenwirbeln unterziehen. Nach der Operation telefonierte ich mit ihm. Der Eingriff sei gut verlaufen, er habe aber nach wie vor Schmerzen. Am nächsten Tag wieder eine SMS: «Der Chirurg hat die falsche Seite operiert, Reoperation.» Die Mitteilung am nächsten Tag war noch kürzer: «Gawande!»

Auf einen Blick

Menschen machen Fehler. Sie auch.

In vielen Fällen ist die konsequente Anwendung einer Checkliste die einzige Möglichkeit, Fehler zu vermeiden.

Gute Checklisten basieren auf dem Muster von Fehlern der Vergangenheit.

Gute Checklisten sind eindeutig und enthalten fünf bis neun Punkte.

Die Entwicklung einer Checkliste ist aufwendig. Sie muss einem Feldtest unterzogen werden.

Kleine Massnahmen – zum Beispiel gegenseitiges Vorstellen der Mitglieder eines Teams und Durchsprache möglicher Friktionen – erzielen grosse Wirkung.

Die Verantwortung für die konsequente Einhaltung einer Checkliste ist nicht eine Frage der Hierarchie.

Auch wenn die Anwendung einer Checkliste keinen Spass macht: Seien Sie in der Umsetzung konsequent.

6. Die grosse Flut

«Da war ein Muster, wo es keines geben sollte.» *John Kunze*

Billy Bean war ein durchschnittlicher Baseballspieler. Nach seiner aktiven Karriere wechselte er ins Sportmanagement der Oaklands Athletics. Die guten Zeiten des Clubs waren längst vorbei. Die Playoffs hatte man wieder verfehlt, die besten Spieler verliessen das Team, und die Mittel für Spielerzukäufe waren beschränkt. Mit dem Rücken zur Wand setzte Bean auf eine völlig neue Strategie. Anstatt sich auf die Meinung der Talentscouts zu verlassen, setzte er auf die Aussagekraft der Statistik. *Sabremetrics* heisst das Instrument, das von der Society for American Baseball Research entwickelt, aber bislang noch nie praktisch angewendet wurde. Fortan wurden die Talente nicht mehr aufgrund subjektiver Urteile von Experten beurteilt und angeheuert, sondern aufgrund systematischer Datenanalysen. Das bescherte den Athletics einen neuen Frühling. Vier Jahre in Folge wurden die Playoffs erreicht. Diese Jahre gingen als *Moneyball Years* in die Baseballgeschichte ein. Im grossartigen Film *Moneyball* spielt Brad Pitt den lakonischen Reformer Bean.[240]

Roger Barnsley, ein kanadischer Psychologe, besuchte mit seinen Söhnen ein Eishockeyspiel der kanadischen Juniorenliga. Er studierte das Programm, das die Mannschaftsaufstellungen mit den Geburtsdaten der Spieler enthielt. Zufällig stiess er auf eine Abnormität, die ihn erstaunte. Die meisten Spieler hatten im ersten Quartal Geburtstag. Nun beschaffte er sich so viele Mannschaftsaufstellungen, wie er konnte. Dann sah er sich die Spieler der Profiliga an und stellte überall dasselbe Muster fest: 40 Prozent der Spieler waren im ersten Quartal geboren, 30 Prozent im zweiten, 20 Prozent im dritten und gerade noch 10 Prozent im vierten Quartal.[241]

In beiden Beispielen geht es um Statistik. Statistik und Mathematik spielen als Techniken der Lageanalyse und der Vorhersage seit langer Zeit eine wichtige Rolle. Das mathematische Verfahren der Clusteranalyse wurde ursprünglich für Forschungszwecke in der Biologie entwickelt. Das Verfahren ermittelt aus grossen Datenmengen Ähnlichkeitsstrukturen und definiert homogene Klassen, sogenannte Cluster oder Muster. Findige Marketingspezialisten übernahmen die Methode für die Einteilung ihrer potenziellen Kunden in Marktsegmente. Die grosse Neuerung war seinerzeit, dass dafür nicht mehr bloss sozioökonomische Daten unterlegt wurden, sondern auch die Einstellungen der befragten Personen. Heute ist die Clusteranalyse eine von vielen Methoden, die unter *Data-Mining* zusammengefasst werden. Darunter versteht man die Analyse grosser Datenbestände mithilfe statistisch-mathematischer Methoden mit dem Ziel der Mustererkennung.

Seit der Erfindung der Clusteranlyse haben sich die Voraussetzungen für die Verarbeitung grosser Datenbestände fundamental verändert. Nach *Moores Gesetz* verdoppeln sich Speichergrösse und Prozessorengeschwindigkeit von Computern alle 18 Monate, und die Kosten halbieren sich. So wurde es möglich, riesige Datenbestände mit vertretbarem Kosten- und Zeitaufwand zu analysieren. Und damit änderten sich die Dinge fundamental. Noch 2010 wurde diese Datenflut eher als Bedrohung wahrgenommen. *The Economist* titelte «The data deluge».[242] Was war zu tun, um in dieser Datenflut nicht zu ertrinken? Seither hat die Bedrohung in Euphorie umgeschlagen. Dahinter steht das *Big Business*. Dieses Geschäft wird am besten belebt, indem man einem bekannten Phänomen einen neuen Namen gibt: *Big Data*. Viktor Mayer-Schönberger vom Internet Institute der Universität Oxford und Kenneth Cukier, der langjährige Datenspezialist der britischen Wochenzeitschrift *The Economist*, schrieben die Bibel *Big Data. Die Revolution, die unser Leben verändern wird.*[243] Nach der Publikation ihres Buches erhielt Big Data völlig unerwartet eine neue Dimension. Edward Snowden, ehemaliger Mitarbeiter des amerikanischen Geheimdienstes NSA, übermittelte einem Journalisten geheime Informationen. Der Weltöffentlichkeit wurde damit schlagartig klar, in welch gewaltigen Dimensionen Daten über alles und jedes gesammelt werden.

Die Revolution von Big Data beruht gemäss den beiden Autoren auf drei Umwälzungen.[244] Erstens wurde die Stichprobe, die bisher in der Datenerfassung eine wesentliche Rolle spielte, durch die Vollerhebung ersetzt. Eine Stichprobe beruht auf einer repräsentativen Zufallsauswahl. Entscheidend ist die Repräsentativität, nicht die Grösse der Stichprobe. Deshalb ist das Ziel einer Stichprobe, mit möglichst wenig Datenmaterial zu schlüssigen Aussagen zu kommen. Schlüssig kann allerdings nie präzis heissen. Jede Aussage aufgrund einer Stichprobe ist mit einem Ungenauigkeitsbereich behaftet. Kommt dazu, dass die Forderung nach Repräsentativität nicht immer einfach zu erfüllen ist. Im Gegensatz dazu wird in Big Data der Schritt vom Sample zum Ganzen gemacht.

Das Ganze, also die Verarbeitung aller verfügbaren Daten eines Themenkomplexes, führt allerdings auch nicht zu fehlerfreien Aussagen. Im Gegenteil, die beiden Autoren erachten Fehler als unvermeidlich. Die zweite Umwälzung bestand daher in der Überwindung des Bedürfnisses nach Exaktheit. Man muss lernen, mit Unschärfe zu leben. Grundsätzlich gilt in der neuen Datenwelt: «Mehr ist besser als weniger.»

Die dritte durch Big Data bewirkte Umwälzung ist der Ersatz von Kausalität durch Korrelation. Die Kausalität beantwortet die Frage nach dem Warum? Unser Weltbild ist auf Kausalität, dem Zusammenhang zwischen Ursache und Wirkung, aufgebaut. Wenn wir wissen, warum etwas geschehen ist, können wir handeln, loben oder Schuld zuweisen. Die Korrelation ist demgegenüber nichts anderes als eine mathematische Beziehung zwischen gemessenen Grössen. So hat beispielsweise eine statistische Auswertung ergeben, dass grössere Leute mehr verdienen. Lektion eins im Statistikunterricht ist seit jeher, dass von einer hohen Korrelation nicht auf eine Beziehung zwischen Ursache und Wirkung geschlossen werden kann. Eine solche Beziehung ist zwar möglich, lässt sich aber mit der Korrelation allein nicht begründen. Beliebtes Demonstrationsbeispiel ist die Beziehung zwischen der Anzahl Störche und der Entwicklung der Geburten. Hier besteht zwar eine hohe Korrelation, aber offensichtlich kein kausaler Zusammenhang. *Big Data* oder zumindest die Autoren dieser Bibel gehen nun allerdings einen grossen Schritt weiter. Sie behaupten, dass Kausalität gar keine Rolle spielt.[245] Sie berufen sich dabei auf eine jahrhundertealte philosophische Debatte darüber, ob es Kausalität überhaupt gibt. In letzter Konsequenz würde *Big Data* damit die Idee des freien Willens durch ein mechanistisches Weltbild ersetzen.

Das Buch ist voller Beispiele über den Nutzen von Big Data: die frühzeitige Erkennung einer Grippeepidemie, die Bestimmung des optimalen Zeitpunkts für den Kauf eines Flugtickets, das Erkennen einer Schwangerschaft aufgrund des Kaufverhaltens, das Entdecken von Schiebungen beim Sumo-Ringen, das automatische Übersetzen von Texten, die Berechnung eines Index für Konsumentenpreise, die Ermittlung der Kreditwürdigkeit einer Person, das Empfehlungssystem von Amazon, Auswertung von Elektrokardiogrammen, die Früherkennung von Infektionen, die Früherkennung von Schäden an Bauwerken und Kanalisationen, die Auswertung des Gebrauchs von Wörtern in Ngram Viewer, die Quantifizierung von Ortsangaben, die Früherkennung von Trends aus Twitternachrichten …

Die Möglichkeit, riesige Datenbestände rasch und kostengünstig auswerten zu können, stiftet Nutzen. Letztlich ist Big Data nichts anderes als maschinelle Mustererkennung. Nun zeigt sich in den Beispielen allerdings auch ein Muster: In all diesen Fällen geht es um *komplizierte*, aber nicht um *komplexe* Probleme. Etwas Zweites lässt sich aus obiger Auflistung ablesen: Big Data ist ein exzellentes Instrument zur Erkennung vorlaufender Indikatoren. Darauf lassen sich effiziente Frühwarnsysteme aufbauen.

Wir sollten Big Data als das nehmen, was es ist: ein wirkungsvolles Instrument zur Verbesserung von Lageanalysen und für die Rasterfahndung, aber das ist noch kein Grund für grenzenlose Euphorie. Auch Big Data hat Grenzen. In dem Buch wird als Beweis für die Überlegenheit von Algorithmen erwähnt, dass im Schach mittlerweile sämtliche Endspielsituationen mit sechs oder weniger Figuren auf dem Brett analysiert worden seien.[246] Umgekehrt gesagt, heisst das: Ich muss zuerst 81 Prozent aller Schachfiguren eliminieren, bevor ein Algorithmus greift.

Insgesamt ist auch die Prognosekraft von Big Data beschränkt. Es ist offensichtlich, dass auch Biggest Data nicht in der Lage ist, eine ultimative Erfolgsformel für einen Film, ein Buch, ein Musikstück zu generieren. Big Data beruht immer nur auf Vergangenheitswerten und ist damit ein Abbild des Mainstreams. Überraschungen und vor allem der Zufall, der oft eine entscheidende Rolle spielt, werden ausgeschlossen. In der wirklichen Welt sieht es anders aus. Kein Mensch hat den überwältigenden Erfolg des Films *Bienvenue chez les Ch'tis* erwartet. 1965 hat der amerikanische Literaturprofessor und Autor John Williams den Roman *Stoner* veröffentlicht. Dieses stille Epos mit minimaler Handlung verschwand rasch aus den Regalen. 2003 wurde es neu aufgelegt und wurde entgegen jeder Regel ein internationaler Bestseller. Andrea Maria Schenkel war völlig unbekannt, als ein Kleinstverlag ihren düsteren Krimi *Tannöd* veröffentlichte. Das Buch wurde zum Millionenerfolg. Der Film *Monuments Men* von und mit George Clooney hat alle Ingredienzen eines Blockbusters, eine gute Geschichte, ein eindrückliches Staraufgebot, und trotzdem wurde er an der Berlinale ausgebuht. Ich kann mir kaum vorstellen, dass in den USA eine dieser sündhaft teuren Fernsehserien ohne vorgängige Big-Data-Analyse produziert wird. Trotzdem floppen 83 Prozent aller Serien. Bleibt noch das Gedankenspiel, was eigentlich geschehen würde, wenn Big Data zur für jedermann verfügbaren Erfolgsformel führen würde. Der Diversität des Schaffens wäre es jedenfalls nicht dienlich. Hätte Henry Ford seinerzeit schon auf Big Data zugreifen können, hätte er gesagt: «Hätte ich auf Big Data gehört, würde ich schnellere Kutschen bauen.»

Auch Mayer-Schönberger und Cukier beziehen sich in ihrem Buch auf den Nobelpreisträger Daniel Kahneman. Dessen fundamentale Aussage: «Die Illusion, man habe die Vergangenheit verstanden, nährt die weitere Illusion, man könne die Zukunft vorhersagen und kontrollieren»[247], negieren sie aber.

Grosse, folgenschwere Ereignisse sind oft das Ergebnis von Diskontinuitäten. Der Wallstreet-Dissident Nassim N. Taleb nennt solche Ereignisse in seinem Bestseller «schwarze Schwäne».[248] Ihre charakteristischen Merkmale sind die Seltenheit, die massiven Auswirkungen und ihre Nichtvorhersehbarkeit. Deshalb, meint Taleb, sei Nichtwissen bedeutungsvoller als Wissen. Gerade da, wo die Probleme am grössten sind, kann Big Data keinen substanziellen Beitrag leisten.

Die problematischste Seite der Big-Data-Euphorie ist ohne Zweifel die Idee, Kausalität durch Korrelation zu ersetzen – wobei die beiden Autoren noch viel weiter gehen und die mehr als kühne These in den Raum stellen, Kausalität existiere gar nicht. Damit stellen sie nicht weniger als das ganze Wissenschaftsgebäude infrage. Wissenschaft beruht letztlich auf Hypothesen über die Kausalität in Form von Wenn/dann-Beziehungen. So richtig ernst nehmen die Autoren ihre eigene These aber wohl selber nicht. Nach ihrem gewagten Ausflug in die Philosophie werden sie nämlich wieder pragmatisch und schreiben, man könne Kausalbeziehungen selten gänzlich beweisen, und sie fügen an, Korrelationen würden der Ursachenforschung den Weg weisen. Das können wir auch unterschreiben.[249]

Kehren wir zurück zu den beiden einleitenden Geschichten, die beide vom Gebrauch der Statistik im Sport handeln. Gemäss der Big-Data-Philosophie müsste man im Eishockey nur noch Spieler, die im ersten Quartal geboren sind, rekrutieren. Roger Barnsley hat sich nicht daran gehalten und die naheliegende Frage gestellt: Warum? Er fand eine simple Erklärung: weil der Stichtag zur Zulassung für eine Altersgruppe der 1. Januar ist. Damit sind die Jungen, die früh im Jahr geboren sind, grösser, stärker und reifer als ihre etwas jüngeren Kollegen. Und weil sie besser sind, werden sie stärker gefördert. Damit erhöht sich der Abstand nochmals. Die kritiklose Übernahme der Ergebnisse von Korrelationen ohne Ursachenforschung hätte hier zu einem monumentalen Fehlschluss geführt.

Gut 15 Jahre nach den *Moneyball Years* stand wieder ein Selektionsprozess für ein Team im Fokus der US-Öffentlichkeit. Mitte 2013 wurde mit dem Aufbau der amerikanischen Eishockey-Nationalmannschaft für die Olympischen Spiele in Sotschi begonnen. Zwei Journalisten durften den Prozess mitverfolgen. Einzige Bedingung war, dass sie erst nach erfolgter Selektion darüber berichten durften. Zu Beginn standen vier Dutzend Namen auf Magnetschildern, am Ende blieben 25 Spieler übrig. Sieben der einflussreichsten Manager der National Hockey League bildeten die Selektionskommission. Während unzähliger Sitzungen und Telefonkonferenzen schoben sie die Magnetschilder hin und her, ein Lehrstück über die unsentimentale Professionalität im amerikanischen Profisport. Schliesslich musste ausgerechnet Bobby Ryan, ein aufgrund seiner Grösse und physischen Stärke ausgewiesener Power Forward mit einem grossartigen Track Record, über die Klinge springen.[250] Hätte man allein auf Big Data vertraut, hätte er ohne Zweifel an den Spielen teilgenommen. Statistische Informationen haben in diesem Prozess eine Rolle gespielt, aber niemals hätte man sich ausschliesslich darauf bezogen. Auch Biggest Data reflektiert nichts anderes als die Vergangenheit. Deshalb sind ihre Aussagen zwar ein wichtiger Indikator, mehr aber nicht.

Tracking wird auch beim Fussball heiss diskutiert. Das Analyseinstrument setzt sich mehr und mehr durch. Trotzdem herrscht Einigkeit: Die Terrabytes an Daten ersetzen niemals das fachmännische Urteil. Der Rekordtorschütze der Schweizer Nationalmannschaft wäre bei jedem Analysepuristen durch das Sieb gefallen: «Alex Frei war nicht schnell, er war nicht kopfballstark, er war nicht dribbelstark. Aber er hatte einen unglaublichen Torriecher, er konnte die anderen stark machen. Das finden Sie in keiner Datenbank.»[251]

Wie problematisch es ist, aus Korrelationen Schlüsse zu ziehen, zeigt folgende Geschichte. Zwischen dem Anteil des guten Cholesterins im Blut und dem Risiko eines Herzinfarktes besteht eine enge Korrelation. So eng, dass die Medizin diese Korrelation mit grösster Selbstverständlichkeit als Kausalität interpretiert hat. Pfizer hatte ein Medikament entwickelt, das die Menge des guten Cholesterins erhöht. Nach jahrelanger Forschung erwies sich, dass das Medikament zuverlässig wirkte. In den umfangreichen Feldtests zeigte sich aber, dass das Medikament das Herz-Kreislauf-Risiko nicht senkte, sondern im Gegenteil erhöhte. Die Verwechslung von Korrelation mit Kausalität hat Pfizer Hunderte Millionen gekostet. Am Schluss bleibt nur noch die Resignation: «Wir haben noch zu wenig verstanden. Wir wissen nichts!»[252]

In den 1990er-Jahren begannen sich bei den Schweizerischen Bundesbahnen die Fälle von Vandalismus zu häufen. Alle Vorkommnisse wurden statistisch erfasst. Bei der Auswertung zeigte sich, dass ein Phänomen von besonderer Bedeutung war: das Versprayen von Zügen, das sich mit grosser Dynamik ausbreitete. Die Entwicklung war fatal. Sie begann, dem Image der

Bahn zu schaden, und hatte den berühmten Broken-Windows-Effekt, eine Katalysatorwirkung für andere Akte schlechten Benehmens. Vor allem kostete sie viel Geld. Die Züge mussten aus dem Verkehr gezogen und zur Reinigung in die Werkstatt gebracht werden. Ohne die Überführungskosten kam die Reinigung eines Wagens auf über 5000 Franken. Pro Tag wurden im Schnitt fünf Wagen versprayt. Insgesamt lief damit ein zusätzlicher Aufwand von gegen 10 Millionen Franken im Jahr an. Wir fragten uns: Warum versprayt jemand einen Zug? Nach intensiver Recherche begannen wir zu verstehen. Es ist künstlerischer Ausdruck. Es ist der Reiz der Illegalität. Der ultimative Kick eines Sprayers wird dann erreicht, wenn er einen Videofilm oder mindestens ein Bild des fahrenden versprayten Zugs ins Netz stellen kann. Der Schlüssel für eine Lösung des Problems lag nicht in der Statistik, sie lag im Verstehen der Ursachen. Man musste dem Sprayer seinen Kick nehmen. Ein versprayter Zug durfte nicht in Umlauf kommen. Man musste die Sprayerei umgehend entfernen. Wir begannen mit den Farbanstrichen der Wagen zu experimentieren, um die Züge möglichst einfach reinigen zu können. Die Industrie entwickelte ökologisch verträgliche Reinigungsmittel, damit die Züge auf dem Gleisfeld gereinigt werden konnten. Eine Überführung in die Werkstatt war nicht mehr nötig. Auch heute wird ab und zu noch ein Wagen versprayt, der unselige Trend konnte aber entscheidend gebrochen werden.

Der *Spiegel* behandelt in einer Titelgeschichte die Volkskrankheit «Kopfschmerzen».[253] Er kommt zum Schluss, dass trotz aller verfügbarer Daten die «Eine-Million-Dollar-Frage» unbeantwortet bleibe: Was läuft im Gehirn ab? Ohne Kenntnisse über die Ursachen gibt es auch hier keine Lösung.

Es besteht kaum Zweifel, dass Toyota über das perfekteste Produktionssystem verfügt. *Kaizen*, das Toyota-System zur kontinuierlichen Verbesserung, ist in alle Welt exportiert worden. Ein integraler Bestandteil von Kaizen ist die 5W-Methode, um zu den Ursachen vorzustossen.[254] Nicht ein Mal, fünf Mal wird die Warum-Frage gestellt:

Auf dem Boden schwimmt eine Öllache. Warum?
Weil die Maschine undicht ist. Warum?
Weil die Dichtung Verschleisserscheinungen zeigt. Warum?
Weil Dichtungen minderer Qualität gekauft wurden. Warum?
Weil diese Dichtungsringe billig waren. Warum?
Weil die Einkaufsmanager nach kurzfristigen Kosteneinsparungen beurteilt werden.

Auch dieses Beispiel zeigt, dass die Lösung des Problems über seine Ursachen führt. Jede dieser Antworten enthält einen Hebel zur Veränderung der Situation.

Die Idee, dass Big Data das Denken ersetzen kann, ist absurd. Die Idee, Kausalität durch Korrelation zu ersetzen, ist in dieser generellen Formulierung abwegig. Die Meinung, man könne die grossen Probleme dieser Welt mit Big Data lösen, ist blauäugig. Nehmen wir das Beispiel Gesundheitspolitik: Bereits heute werden dafür weltweit 10 Billionen Dollar ausgegeben. Man geht davon aus, dass sich diese Summe in 15 Jahren verdoppeln wird. Das Problem ist offensichtlich. Der Handlungsbedarf ist offensichtlich. Die Fruchtlosigkeit bisheriger Bemühungen ist offensichtlich. Man kann sich schon vorstellen, dass Big Data bei der Analyse des Problems auf bisher unbekannte Zusammenhänge hinweisen kann. Aber zu meinen, Big Data löse das Problem, ist mehr als naiv. Nicht anders sieht es aus bei der Energiepolitik nach Fukushima, der Klimapolitik, der Sanierung von Sozialwerken, den Herausforderungen durch die demografischen Veränderungen. Bei allen diesen Problemstellungen mag Big Data ein nützliches Instrument der Lageanalyse sein, mehr aber nicht. Ohne tief greifendes Verständnis für die Zusammenhänge und ohne neue Ansätze wird sich nichts bewegen. Hier braucht es andere Qualitäten als die Ermittlung von Korrelationen in riesigen Datenbeständen. Es klingt wie ein tiefer Seufzer: «Wo aber bleiben die Intellektuellen, die bei all den technischen Mosaiksteinchen das grosse Bild erkennen?»[255]

Big Data entwickelt den grössten Nutzen überall dort, wo es um repetitive Vorgänge geht. Menschen seien unzuverlässig, Menschen seien nicht sehr leistungsfähig, stellt der Chirurg Atul Gawande (s. Kapitel 5) fest. Es sei daher unumgänglich, dem Computer zumindest einen Teil der Diagnostik zu überlassen. Die Überraschung aber, das Aussergewöhnliche, den «Schwarzen Schwan», vermag Big Data nicht zu erfassen. Deshalb sind auch die Möglichkeiten der Frühwarnung eingeschränkt. Und so überrascht es auch nicht, dass alle Geheimdienstler dieser Welt vom Arabischen Frühling überrascht wurden.

Wie wir in Kapitel 1 gesehen haben, unterscheidet Richard Koch zwei Methoden der Mustererkennung, die 80/20-Analyse und das 80/20-Denken. Das sollte nicht dahingehend interpretiert werden, dass die Analyse kein Denken erfordert. «Big data needs big judgement», sagt der einflussreiche amerikanischer Statistiker und Blogger Nate Silver.[256]

Nun haben auch die Enthüllungen über den NSA die Euphorie über Big Data getrübt. Es wird oft vergessen, dass Gordon Moore nicht nur das nach ihm genannte Gesetz formuliert hat, sondern auch folgende Aussage: «Es ist das Wesen von Exponenten, dass man sie immer weiter nach oben treibt – bis es schliesslich zur Katastrophe führt.»[257]

Wir befinden uns auf dem Weg dahin. Das hat die *Neue Zürcher Zeitung* dazu bewogen, zu einer in diesem seriösen Blatt selten scharfen Philippika auszuholen.[258] Allein die Regierung Bush habe 500 Milliarden Dollar in die Nachrichtendienste gepumpt. Das jährliche Budget aller Dienste sei von 25 auf 85 Milliarden gewachsen, der Personalbestand auf geschätzte 210 000 Zivilisten und Soldaten. Trotz diesem unglaublichen Aufwand (der das Bild von der billigen Big Data konterkariert) sei es nicht gelungen, die Informationsflut zu einem aussagekräftigen Gesamtbild zusammenzufügen. Das erste Gesetz der Schlapphüte sei, die technischen Möglichkeiten der Überwachung schneller wachsen zu lassen als die Fähigkeit, das Material auszuwerten. Die aus dem Datenwust extrahierten Muster würden nur etwas aussagen, wenn ein Analytiker einen möglichen Täter von einem Gemüsehändler unterscheiden könne. Deshalb sei auch das Attentat beim Marathon in Boston nicht vereitelt worden. Angesichts der schieren Masse an Daten lege man letztlich nur digitale Friedhöfe an. Und dann kommt dieser schöne Satz: Die Nachrichtendienste täten gut daran, sich auf das Wesentliche zu konzentrieren. Womit wir wieder beim Kernthema dieses Buches wären.

Nehmen wir Big Data als das, was es ist. Keine Revolution. Kein Paradigmenwechsel. Aber ein formidables Instrument für viele Lagen. Ein Instrument, das, wenn es mit Bedacht eingesetzt wird, neue und noch ungeahnte Möglichkeiten eröffnet.

Auf einen Blick

Mit den heutigen Möglichkeiten können unermesslich grosse Datenbestände mit vertretbarem finanziellem und zeitlichem Aufwand analysiert werden.

Mit den Methoden des Data-Mining können aus solchen Datenbeständen Muster filtriert werden.

Big Data ersetzt die Stichprobe. Damit wird das Problem der Repräsentativität gelöst.

Aber auch die Ergebnisse einer umfassenden Datenanalyse sind nicht exakt.

Der von Big-Data-Vertretern postulierte Ersatz der Kausalität durch die Korrelation ist problematisch.

Big Data nützt vor allem bei repetitiven Vorgängen.

Weite Teile von komplexen Problemen entziehen sich den Möglichkeiten von Big Data.

Big Data ersetzt nicht das Denken.

7. Le coup d'œil

«Ein Talent, Muster zu erkennen und abstrakte Gedankengänge zu begreifen, wo andere nur Chaos sehen.» *Stieg Larsson über Lisbeth Salander*

Mogadischu war im Mittelalter eine blühende kosmopolitische Stadt mit einem bedeutenden Hafen. Ein jahrzehntelanger Bürgerkrieg machte aus der einstigen Perle Ostafrikas eine «lost city», einen der gefährlichsten Orte des Planeten. Seit Ende 2010 wird die Stadt vom Bürgermeister Mohamed Ahmed Nur regiert. Nur lebte in Mogadischu und emigrierte während des Bürgerkrieges nach London. Er bildete sich in England zum Ingenieur aus und arbeitete in der lokalen Stadtverwaltung von London. Ende 2010 wurde er als Mitglied einer somalischen Exilorganisation zum Mayor von Mogadischu ernannt. Damit gab er eine sichere Tätigkeit in einem stabilen Umfeld zugunsten eines der gefährlichsten Jobs der Welt auf. Nach seinen Gründen befragt, meinte er, das Wetter sei in Somalia besser, um dann anzufügen: «Ich liebe meine Stadt.» 2013 berichtete er am Management-Symposium in St. Gallen über seine Erfahrungen.[259] Er habe in der damals praktisch toten Stadt drei Prioritäten gesetzt: Sicherheit, Licht und Abfallbeseitigung. Alles Übrige habe sich privat entwickelt. Mogadischu verfügt heute über eines der besten Mobilfunknetze. In der Stadt wird wieder Business betrieben und langsam kehrt eine Art Normalität zurück. Dank der mit Solarenergie gespeisten Beleuchtung findet wieder ein Nachtleben statt, und die Geschäfte sind nicht mehr ans Tageslicht gebunden. Die Kunst sei, meinte Nur in St. Gallen, mit wenigen Änderungen viel zu erreichen.

From Worst to First – diesen Titel gab Gordon Bethune dem

Buch über seine Erfahrungen bei der US-Fluggesellschaft Continental Airlines.[260] Als Bethune zu Continental stiess, stand die Firma vor dem Bankrott. Kurz nach seinem Einstieg als COO wurde der CEO entlassen. Bethune legte dem Board einen «Go-forward-Plan» vor. Seine Wahl zum CEO erfolgte nach langen Diskussionen, weniger aus Überzeugung als aufgrund fehlender Alternativen. Der Plan von Gordon Bethune bestand aus vier Teilen. «Fly to win» umfasste eine Konzentration des Streckennetzes auf weniger, dafür rentablere Verbindungen. «Fund the future» sah Neuverhandlungen von Verträgen, Priorisierung von Investitionen und Anpassungen der Preispolitik vor. «Make the reliability a reality» setzte an den Erwartungen der Kunden an. Die Fluggäste von Continental hatten ein prioritäres Bedürfnis: Sie wollten zusammen mit ihrem Gepäck pünktlich ankommen. Bethune liess berechnen, wie hoch die Kosten der Unpünktlichkeit und Unzuverlässigkeit waren. Das Einsparungspotenzial war enorm. Die Hälfte davon sollte dem Personal zukommen. Für jeden Monat, in dem Continental unter den pünktlichsten Fluggesellschaften eingestuft wurde, sollte ein Bonus von 65 Dollar ausgerichtet werden. «Working together» schliesslich war der Plan zur Veränderung der Unternehmenskultur. Dabei sollten insbesondere die bestehenden Reglemente, in denen das kleinste Detail geregelt wurde, durch offenere Richtlinien ersetzt werden. Nach seinem Antritt als CEO liess er die Reglemente in einem symbolischen Akt auf dem Parkplatz des Hauptsitzes verbrennen. Innert weniger Monate verbesserte sich die Situation. Im zweiten Jahr als CEO konnte Bethune erstmals seit zehn Jahren einen Gewinn verzeichnen. Als Gordon Bethune als CEO zurücktrat, war Continental die beste Fluggesellschaft auf dem Kontinent.

Jack Welch verfolgte während seiner 20 Jahre als CEO bei General Electric gerade mal vier Initiativen: die Globalisierung, den Vorstoss in die Dienstleistungen, Six Sigma und das E-Business.[261] Damit wurde er, wie der Titel seiner Biografie besagt, zum besten Manager der Welt. Als er von GE zurücktrat, war der Jahresgewinn um den Faktor sieben grösser als bei seinem Amtsantritt.

Sheryl Sandberg, COO von Facebook, ist zur Ikone einer neuen Generation von Frauen geworden, die selbstbewusst Karriere, Partner- und Mutterschaft unter einen Hut bringen. Ihre Rede am TED-Talk von 2010 – «Warum wir zu wenige weibliche Führungskräfte haben» – ist Kult.[262] Das 2013 publizierte Buch *Lean In* wurde zum Bestseller. Ihre Botschaft konzentriert sie auf drei Sätze: Sitze am Tisch. Mach deinen Partner zu einem wahren Partner. Geh erst, wenn du gehst. Klar, knapp, verständlich. Mit ihrer Rede hat sie nicht nur die Herzen ihrer Zuhörerinnen erobert, sie hat ihnen eine praktikable Handlungsanweisung mit auf den Weg gegeben.

Pep Guardiola, damals noch Trainer des grossen FC Barcelona, hat in einem Interview 2009 gesagt, bei Barça werde nicht improvisiert. Der Fussball der katalanischen Meistermannschaft enthalte nur 5 Prozent Unberechenbarkeit. Deshalb würden die Gegner analysiert und Spielzüge vorbereitet.[263] Diese Aussage ist auch für einen Fussballkenner verblüffend, würde man doch diesem Spiel a priori einen wesentlich höheren Improvisationsgrad zuschreiben. Mittlerweile hat Big Data auch im Fussball Einzug gehalten. Es ist möglich, sämtliche Laufwege in einem Spiel und die Zirkulation des Balls grafisch darzustellen. Wer eine solche Darstellung betrachtet, bei dem verstärkt sich der Eindruck eines eher chaotischen Geschehens. Louis van Gaal, auch er hat Barça und Bayern München trainiert, hat Ordnung in dieses Chaos gebracht. Er unterscheidet vier Hauptmomente des Fussballs:[264]

1. Wir haben den Ball.
2. Wir verlieren den Ball.
3. Der Gegner hat den Ball.
4. Der Gegner verliert den Ball.

Diese Strukturierung besticht durch ihre Einfachheit: klar, offensichtlich, naheliegend. Und trotzdem ist vor van Gaal niemand auf diese Idee gekommen. Er hat damit ein wertvolles Muster von Aktionspotenzialen entwickelt. Damit kann das Training auf diese Hauptmomente ausgerichtet werden. Der Blick für einzelne Situationen wird geschärft und die Abläufe können automatisiert werden. Heute arbeitet wohl die Mehrheit der Fussballtrainer nach diesem Schema. Das geht so weit, dass manche Experten behaupten, Barça verliere ab und zu absichtlich den Ball in den Räumen, in denen sie ein zahlenmässiges Übergewicht haben.[265] Dadurch gehe beim Gegner die defensive Ordnung verloren. Wenn man ihm den Ball dann wieder abnehme, könnten relativ einfach Torchancen erarbeitet werden. Der Kapitän von Bayern München attestiert übrigens Louis van Gaal, dass er der Erste war, der Struktur in die Spielweise von Bayern gebracht hat.[266]

Die Geschichten haben ein gemeinsames Muster. Mohamed Ahmed Nur, Gordon Bethune, Jack Welch, Sheryl Sandberg und Louis van Gaal haben nach der Maxime von Ockhams Rasiermesser (s. Kapitel 1) gehandelt. Sie haben sich auf wenige Hebel mit grosser Wirkung beschränkt. Und damit Erfolg gehabt. Diese rigorose Konzentration auf Weniges erfordert zwei Fähigkeiten: Man muss diese wenigen Hebel mit grossem Wirkungspotenzial erkennen. Und es braucht Mut, sich auf diese wenigen Ansatzpunkte zu beschränken.

Die Fähigkeit, das relevante Muster zu erkennen, nennt Clausewitz bildhaft den «coup d'œil». «Hier verlässt also die Tätigkeit des Verstandes das Gebiet der strengen Wissenschaft … und wird im weiten Verstande des Wortes zur Kunst, d. h. zu der Fertigkeit, aus einer unübersehbaren Menge von Gegenständen und Verhältnissen die wichtigsten und entscheidenden durch den Takt des Urteils herauszufinden. Dieser Takt des Urteils besteht unstreitig mehr oder weniger in einer dunklen Vergleichung aller Grössen und Verhältnisse, wodurch … die nächsten und wichtigsten schneller herausgefunden werden, als wenn dies auf dem Wege strenger Schlussfolgerung geschehen sollte. … Dass das Abwägen dieser mannigfachen und mannigfach durcheinandergreifenden Gegenstände eine grosse Aufgabe, dass es ein wahrer Lichtblick des Genies ist, hierin schnell das Rechte herauszufinden, während es ganz unmöglich sein würde, durch eine bloss schulgerechte Überlegung der Mannigfaltigkeit Herr zu werden, ist leicht zu begreifen.»[267]

Auch Bonaparte habe ganz richtig gesagt, ergänzt Clausewitz, dass diese «schulgerechte Überlegung» eine algebraische Aufgabe wäre, vor der selbst Newton zurückgeschreckt wäre.

Versuchen wir die Essenz dieser etwas umständlichen Erwägungen eines preussischen Generals zusammenzufassen. Es ist eine Kunst, aus einer Unmenge von Informationen das relevante Muster von Aktionspotenzialen zu destillieren. Dass er in diesem Zusammenhang vom «Lichtblick des Genies» spricht, zeigt, welch hohe Meinung er von der Fähigkeit hat, Muster zu erkennen. Eine Alternative dazu gibt es nicht, weil die Wahl der besten Alternative unter Einbezug aller Informationen selbst dem besten aller Mathematiker nicht gelingen könnte. Seither sind allerdings die Rechenleistungen eines Computers ins Astronomische gestiegen. Dank Big Data können auch bei grossen Datenbeständen Muster mit vertretbarem finanziellem und zeitlichem Aufwand erkannt werden. Wie wir in Kapitel 6 gesehen haben, ist der Beitrag von Big Data bei der Lösung komplexer Probleme allerdings beschränkt.

Um das Muster globaler Seuchen zu erkennen, brauche es die richtige Brille, war kürzlich zu lesen.[268] Eine Verwandtschaft mit dem «coup d'œil» ist in dieser Terminologie nicht zu verkennen. Die quantitativen Modelle der Verbreitung globaler Seuchen zeigten, dass sich Seuchen willkürlich ausbreiten. Ein Muster war nicht erkennbar. Die Forscher mit der richtigen Brille ersetzten im Modell die geografischen Distanzen zwischen zwei

Orten durch eine sogenannte effektive Distanz. Diese wird umso kleiner, je häufiger die Verbindungen zwischen den Orten sind. Faktisch liegt New York viel näher an London als beispielsweise Aberdeen. Durch die grosse Frequenz ist es daher für den Erreger einer Seuche viel einfacher, von London nach New York zu gelangen als nach Aberdeen. Nun zeigte sich ein klares Muster. Die Seuchen breiten sich in Wellen aus, die mit konstanter Geschwindigkeit nach aussen laufen. Damit lassen sich Prognosen über die Ankunftszeiten einer Seuche erstellen. Das Muster liefert einen Hebel zur Seuchenbekämpfung: Wenn man Flugverbindungen kappen würde, würde die effektive Distanz zunehmen, und die Seuche könnte in ihrem Vormarsch gestoppt werden. Der Algorithmus ist übrigens nicht auf die Idee der geografischen Distanz gekommen. Dazu brauchte es die zündende Idee eines Menschen. Diese Geschichte hat eine erstaunliche Ähnlichkeit mit der Strukturierung des Fussballs durch Louis van Gaal. Das Konzept der effektiven Distanz scheint auf der Hand zu liegen, trotzdem ist vorher niemand auf die Idee gekommen. Und schon gar nicht der Computer, der die riesige Datenmenge bearbeitet.

Kann man die Fähigkeit, Muster zu erkennen, erlernen? Es ist augenfällig, wie oft im Zusammenhang mit dieser Fähigkeit von Kunst gesprochen wird. Damit wird zum Ausdruck gebracht, dass die Fähigkeit zur Mustererkennung über das Handwerkliche hinausgeht. Die Antwort auf die Frage finden wir im Muster, mit dem Malcolm Gladwell herausragende Leistungen begründet (s. Kapitel 2). Es braucht ausreichend Talent und eine Investition von mindestens 10 000 Stunden, um Erfahrungen zu sammeln und zu lernen.

Das Talent, das Wichtige zu erkennen und vom Unwichtigen zu abstrahieren, ist offensichtlich eine Dimension der Intelligenz. Frühere Psychologen nannten es «Abstraktionsfähigkeit, die Gabe, von einzelnen Teilinhalten der wahrgenommenen oder vorgestellten Gegenstände zugunsten anderer abzusehen».[269]

Etymologisch stammt das Wort «abstrahieren» vom lateinischen «abstrahere» ab, das für abziehen, entfernen, trennen steht. Es bedeutet das Weglassen von Einzelheiten und das Überführen auf etwas Einfacheres. Als ähnlicher Begriff wurde früher Fassungskraft verwendet, «die Fähigkeit zur Erfassung und Herstellung beziehungs- und sinngeladener umfassender Ganzheiten».[270]

Heute wird etwas weniger präzis von Auffassungsgabe gesprochen. Diese Fähigkeit wird nicht nur von Naturwissenschaftlern und Philosophen benötigt, sondern, wie als Erster von Clausewitz erkannt hat, in speziellem Masse auch von Strategen. Mit Blick auf die so umschriebene Fassungskraft definiert der Philosoph Comte-Sponville Intelligenz als «die Kunst, dass Kompliziertere auf das Einfachere zu reduzieren».[271] (S. Kapitel 2.)

Die Intelligenzforschung hat im Laufe der Zeit verschiedene Wege eingeschlagen.[272] Noch heute gibt es keine einheitliche Schulmeinung. Eine Richtung versteht Intelligenz als ganzheitliches Phänomen. 1971 präsentierte der englische Psychologe Raymond Bernard Cattell ein duales Modell mit den beiden Komponenten *fluide Intelligenz* und *kristalline Intelligenz.* 1993 ging der Amerikaner Howard Gardner noch weiter. Sein Konzept der *multiplen Intelligenz* umfasst sieben Kategorien, denen er je eine historische Persönlichkeit zuordnet, zum Beispiel Einstein für die logisch-mathematische Intelligenz. In den 1990er-Jahren fand Daniel Goleman mit seiner Konzeption der *emotionalen Intelligenz* grosse Beachtung. In der Folge sind der multiplen Intelligenz laufend weitere Dimensionen zugeführt worden. Heute sind diese multiplen Konzepte eher umstritten. Die duale Konzeption mit fluider und kristalliner Intelligenz hat sich hingegen als Erklärungsmodell halten können.

Unter fluider Intelligenz wird die wenig erfahrungsabhängige kognitive Leistung verstanden, die sich zum Beispiel in der Verarbeitungsgeschwindigkeit ausdrückt. Die fluide Intelligenz ist weitgehend genetisch bestimmt und unterliegt einem altersbedingten Abbauprozess. Die kristalline Intelligenz kann man in einer weiten Auslegung als die Fähigkeit zur Mustererkennung definieren.[273] Das Wort kristallin ruft die Assoziation eines Kristallgitters, ein typisches Muster, hervor. Die kristalline Intelligenz ist weitgehend erfahrungsbedingt und kann – welch frohe Botschaft – bis ins hohe Alter gesteigert werden. Bei den gängigen IQ-Tests geht es im Übrigen mehrheitlich darum, in Wort-, Zahlen- oder Figurenreihen Muster zu erkennen.

Mit Bezug auf das Muster von Malcolm Gladwell gehört die fluide Intelligenz zum Talent. Die kristalline Intelligenz entwickelt sich in den 10 000 Stunden effizienten Lernens. Gary Klein ist aufgrund seiner Studien (s. Kapitel 2) zum Schluss gekommen, dass Experten «ungeheuer sachkundig» sind. «Das Ansammeln von Erfahrung beugt Menschen nicht wie unter einer schweren Last, sondern macht sie leichter. Experten sehen die Welt anders. Sie sehen Dinge, die wir nicht zu sehen vermögen.»[274]

Wer Erfahrung hat, sieht «Muster, die Neulingen nicht auffallen». Deshalb sehen sie «das grosse Bild», weil sie über die Jahre ihre kristalline Intelligenz weiterentwickelt haben.[275] Das Resultat des jahrelangen Lernprozesses sind im Unterbewusstsein gelagerte Muster, welche die Intuition steuern. Wie Tucholsky treffend bemerkt hat (s. Kapitel 2) , bedeutet Erfahrung an sich noch nichts, entscheidend ist die Qualität des Lernprozesses.

Die Intelligenzforschung hat viele Erkenntnisse aus der Analyse von Schachspielern gewonnen. In der Tat ist das Schachspiel in besonderem Masse geeignet, als eine Art Laboratorium für das Entscheidungsverhalten in komplexen Situationen zu dienen. Schach wird seit über 1000 Jahren auf der ganzen Welt gespielt. Die Regeln sind klar und seit Jahrhunderten unverändert, Glück spielt keine Rolle. Und – obwohl auf nur 64 Feldern gespielt – sind beim Schach nicht komplizierte, sondern komplexe Probleme zu lösen (s. Kapitel 1). Nach zwei Zügen eines Schachspiels sind 72 084 Stellungen möglich, für die ersten 40 Züge gibt es 10^{120} mögliche Spielverläufe.[276] Das ist mehr als die Zahl aller Atome im beobachtbaren Universum. Eine hübsche Geschichte illustriert diese Komplexität. Ein unermesslich reicher Maharadscha war einem weisen Mann zu grossem Dank verpflichtet. Er bat ihn, sich so viel zu wünschen, wie er wolle. Der Weise wünschte sich auf dem ersten Feld eines Schachbrettes ein Reiskorn und dann auf jedem weiteren Feld das Doppelte davon. Der Maharadscha war enttäuscht: So wenig, meinte er und liess seine Diener Reiskörner anliefern. Bald merkte er, dass seine ganze, formidable Ernte nie genügen würde, um den Wunsch zu erfüllen. Tatsächlich: eine mit 2^{64} Reiskörnern aufgeschichtete Pyramide wäre fast fünf Kilometer hoch.

Der Niederländer Adriaan de Groot, Psychologe, Kognitionsforscher und Schachmeister, gilt als Pionier der Kognitionsforschung. Im Rahmen seiner Dissertation arbeitete er mit Schachspielern. Dank seinem Status als Schachspieler gelang es ihm, weltbeste Spieler für seine Experimente zu gewinnen.[277] Er stellte die Meister und sehr gute Amateure vor die gleichen Probleme und liess sie mit lauter Stimme ihre Erwägungen für den nächsten Zug kommentieren. Erstaunlicherweise bestanden bezüglich Anzahl der antizipierten Züge kaum Diskrepanzen. Offensichtlich gelang es aber den Meistern viel rascher, die Elemente einer Stellung zu erfassen. Der Weltmeister Max Euwe habe eine Stellung nach 5 Sekunden erfasst, ein guter Amateur benötigte dafür eine Viertelstunde. Die Experimente zeigten, dass diese Auffassungsgabe für die Qualität des Spieles entscheidend ist.

50 Jahre später trat der aus der französischen Schweiz stammende und in London lehrende Psychologe und Schachmeister Fernand Gobet in die Fussstapfen von de Groot. Wie sein Vorbild ist auch Gobet Psychologe, Kognitionsforscher und Schachmeister. Er hat ein umfassendes Buch über den Stand der Intelligenzforschung und den Zusammenhang von Talent und

Erfahrung geschrieben. Entscheidend ist für Gobet die «Fähigkeit zu sehen»[278] (die terminologische Verwandtschaft mit Clausewitz ist augenfällig). Dabei gehe es um den *Typ* einer Stellung. Von Details müsse abstrahiert werden. Diese Fähigkeit habe allerdings einen Preis, es brauche Jahre, um sie zu erwerben. Amüsantes Detail am Rande: Für das, was Gobet zunächst als «Typ» bezeichnet, verwendet er im weiteren Verlaufe seines in französischer Sprache verfassten Buches das Wort «Pattern».[279] Das ist ein eklatanter Verstoss gegen ein im französischen Sprachraum hochgehaltenes Prinzip, die Sprache vor Anglizismen zu schützen. Das Problem ist nur: Es gibt keinen adäquaten französischen Begriff für «Muster».

Der Nächste, der über Entscheidungsprozesse beim Schachspiel forschte, war ein Titan der Wissenschaft des 20. Jahrhunderts, der mathematische Sozialwissenschaftler und Nobelpreisträger Herbert Simon.[280] Er entwickelte das Konzept der begrenzten Rationalität. Er bewies anhand von Experimenten, dass es genügt, einen limitierten Entscheidungsbaum zu analysieren. Er hatte damit die theoretische Basis gelegt für die von Gerd Gigerenzer verwendete Unterscheidung von Satisficer und Maximizer (s. Kapitel 2). Simon hat als Erster einen spielstarken Schachcomputer entwickelt. Dieser basiert auf einer Heuristik mit zwei Komponenten: Beschränkung der Analyse auf starke Züge und Bevorzugung von Varianten, welche die Möglichkeiten des Gegners einschränken. Damit bestätigt er die Erkenntnis von de Groot, dass die Meister von vielleicht 30 möglichen Zügen lediglich drei oder vier untersuchen. Das zentrale Erklärungsmodell von Simon (und später Gobet) ist die «Theorie der Chunks».[281] Ein grosses Problem wird in mehrere Teilprobleme, Chunks (englisch für Stück, Klotz), aufgeteilt. Weil das Kurzzeitgedächtnis seine Limiten hat, sind plus minus sieben Chunks möglich. Die Experimente haben gezeigt, dass die Schachmeister in der Lage sind, sehr rasch Chunks, die auf ihrer Erfahrung basieren, abzurufen. Dabei lassen sie sich weniger von logischen

Überlegungen als von Visualisierung leiten. Entscheidend ist jedenfalls das Erkennen von Mustern. Daniel Kahneman vergleicht das Erlernen von Schach auf höchstem Niveau mit dem Erlernen der Lesefähigkeit. Erst ein geübter Leser nimmt ganze Sätze wahr. Er hat die Fähigkeit erworben, vertraute Elemente zu einem neuen Muster zusammenzufügen. Beim Schach spielen wiederkehrende Muster in der Konstellation der Figuren die Rolle eines langen Wortes oder eines Satzes.

Der Kampf um die Schachweltmeisterschaft zwischen dem Titelverteidiger Viswanathan Anand und dem jungen Herausforderer Magnus Carlsen hat Schach 2013 in den Fokus der Weltöffentlichkeit gerückt. Bereits drei Jahre vor diesem Wettkampf hat sich der damals 19-jährige Carlsen prägnant und ohne falsche Bescheidenheit zu seinem Spiel geäussert. «Kasparow kann mehr Varianten berechnen, dafür ist meine Intuition besser. Ich weiss direkt, wie eine Situation zu bewerten und welcher Plan nötig ist. Da bin ich ihm überlegen.» Und er fügt hinzu: «Mit das Bedeutendste am Schach ist die Mustererkennung – die Fähigkeit auf dem Brett typische Motive und Bilder zu erkennen.»[282]

Wenn wir diese Aussagen mit den oben dargestellten Überlegungen vergleichen, ist die Übereinstimmung von Theorie und Praxis verblüffend. Carlsen sagt auch etwas über den Erwerb der Fähigkeit zur Mustererkennung. «Das kann man bis zu einem gewissen Grad im Training lernen, es geht aber nichts über Spielroutine.» Damit bestätigt er das Muster von Malcolm Gladwell: «Bis zu einem gewissen Grad» heisst, dass es Talent braucht. Und wenn der 19-Jährige im Interview sagt, dass er neben unzähligen Trainingsstunden bereits 1000 Wettkämpfe hinter sich hat, dann hatten sich bereits damals mindestens 10 000 Stunden aufsummiert. Heute ist Magnus Carlsen gefeierter Weltmeister, ein Genie am Brett. Nach den Gründen für seine Überlegenheit gefragt meint er lakonisch: «Ich spiele einfach.»[283] Bill Gates ist ein begabter Amateur-Schachspieler. Carlsen brauchte gerade mal 71 Sekunden, um ihn matt zu setzen.

Vor Jahren hat mich ein reich bebildertes Buch über die Saga von Ernest Shackleton in der Antarktis begeistert. Shackleton legte 1914 mit seinem Schiff Endurance in South Georgia ab mit dem Ziel, als erster die Antarktis zu durchqueren. Nach 45 Tagen steckte er mit seinen 27 Männern im Packeis fest. Nur dank der ausserordentlichen Führungsqualitäten von Ernest Shackleton konnte nach einer unwahrscheinlichen Odyssee von 635 Tagen die ganze Mannschaft ohne einen Verlust in die Zivilisation zurückkehren.

Die Geschichte hat mich nie losgelassen. Sie hat mich mehr über Führung gelehrt als alle Führungsbücher, die ich gelesen habe. Sie war der Auslöser, ein Buch über Führungspersönlichkeiten in verschiedensten Bereichen zu schreiben.[284] Aufgrund einer vergleichenden Analyse von 26 Führungsporträts habe ich ein Muster für erfolgreiche Führung mit sieben Faktoren extrahiert: Sachverstand, Leidenschaft, «Alpha-Gen», Tatkraft, Einfachheit, Teambildung, Beharrlichkeit. Wie bei Gottmans Analysen von Paarbeziehungen (s. Kapitel 2) hat eine Teilmenge dieser Gesamtheit eine noch höhere Bedeutung: Sachverstand, Leidenschaft und Einfachheit. Was für Gottman die «apokalyptischen Reiter», sind für mich die «drei Könige». Auf den ersten Blick ist es überraschend, dass die kommunikative Fähigkeit keinen Platz in diesem Muster gefunden hat. Auf den zweiten Blick erschliesst sich die Antwort: Wer etwas von der Sache versteht, sie mit Leidenschaft vertritt und die Gabe hat, sich auf wenige, aber wichtige Punkte zu beschränken, der kommuniziert per definitionem gut. Unter den apokalyptischen Reitern von Gottman sticht die Verachtung als das dominierende Element heraus. Bei den Führungseigenschaften ist es die Einfachheit.

Einfachheit ist aus drei Gründen von zentraler Bedeutung: Erstens kann Komplexität nur bewältigt werden, wenn man sich auf die wenigen, aber entscheidenden Variablen eines Problems konzentriert. Zweitens gilt es, die immer knappen Ressourcen auf diese entscheidenden Variablen zu konzentrieren. Das Wort

Fokus bringt das bildhaft zum Ausdruck: Unendlich viele Sonnenstrahlen werden durch die Linse gebündelt. Der dadurch entstehende Strahl ist so stark, dass er ein Feuer entzünden kann. Drittens kann man Menschen von seinen Absichten nur überzeugen, wenn es gelingt, diese in einfache und verständliche Botschaften zu kleiden.

Kehren wir nochmals zu Clausewitz zurück. In seinem Buch *Vom Kriege* hat er seit Jahrhunderten bestehende strategische Grundsätze in klare Worte gekleidet. Im Zentrum jeder militärischen Strategie stehen «die Konzentration der Kräfte im Raum» und die «Ökonomie der Kräfte». Clausewitz setzt sich mit der Frage auseinander, ob der einfache oder der zusammengesetzte Stoss wirkungsvoller sei. Wenn der Gegner als «leidender Gegenstand» betrachtet werde, erziele der zusammengesetzte, kunstvolle Stoss mehr Wirkung. Er benötige aber mehr Zeit. Wenn sich aber der Gegner für einen einfachen Stoss entscheide, gewinne er Vorsprung und zerstöre die Wirkung des grossen Planes. Seine Folgerung ist klar: Einfachheit ist immer vorzuziehen. Einfachheit ist ein zentraler strategischer Grundsatz.[285]

«Wenn uns die Einfachheit wissenschaftliche Wahrheit und Erfolg in der Strategie verspricht, warum gibt es sie so selten?»,[286] fragen sich die Autoren des Strategieinstitutes der Boston Consulting Group in einem Buch über Carl von Clausewitz. Einfachheit bedeute eben nicht Oberflächlichkeit. «Die erfolgreiche Einfachheit, die wir suchen, die Einfachheit des Genies, ist sehr viel schwerer zu finden. Sie ist das Ergebnis einer intensiven geistigen Bemühung.»[287]

Der Bezug zum Genie mag übertrieben tönen. Davon abgesehen ist die Aussage identisch mit der Haltung von Steve Jobs, dass man Einfachheit nur erreicht, wenn man sich durch die Tiefen der Komplexität hindurcharbeitet. So wie jene globale Anwaltskanzlei, die ein Angebot für die Abwicklung eines milliardenschweren Megadeals erarbeitete. Tage- und nächtelang waren die Spezialisten an der Arbeit. «Das Ergebnis ist ein einfaches A3-Blatt mit allen wichtigen Punkten, die die Exklusivität der Kanzlei hervorheben: darum wir und niemand sonst.»[288] Die Kanzlei gewann die Ausschreibung.

Steve Jobs bestand darauf, dass Apple sich immer nur mit zwei bis drei Prioritäten befasste. Es sei ebenso wichtig zu entscheiden, was man *nicht* mache als was man mache.[289] Als er nach seinem langjährigen Exil zu Apple zurückkehrte, stellte er fest, dass das Produkteportfolio unübersichtlich und viel zu gross geworden war. Er mistete gnadenlos aus. Klarheit erzielte er aber erst, als er in einer Produktebesprechung ein Diagramm mit vier Feldern zeichnete, mit den Kombinationen von *Endkunde*, *Profi*, *Desktop* und *Portable*. Für jedes dieser vier Felder sollte ein wirklich tolles Produkt entwickelt werden.[290]

Tatsache ist, dass sich die meisten Menschen mit der Einfachheit und mit der Konzentration auf das wirklich Wesentliche schwertun. Peter Drucker meint, gegen kein anderes Prinzip der Effektivität werde so regelmässig verstossen wie gegen das Grundprinzip der Konzentration. Anstatt sich auf das Wesentliche zu konzentrieren, handle man nach dem Motto: «Lasst uns von allem ein bisschen tun.»[291] Dieter Brandes, ein ehemaliger Aldi-Manager, hat sich den Kampf für die Einfachheit auf die Fahne geschrieben.[292] Auch er stellt fest, dass Einfachheit nicht leicht ist. Dafür müsse die Angewohnheit, immer fertige Antworten zu haben, aufgegeben werden. Kleine und mittlere Unternehmungen seien diesbezüglich besser aufgestellt, weil sie sich, wie er sich derb ausdrückt, keine «Klugscheisserabteilungen» leisten können. Grosse Unternehmungen seien oft überorganisiert, was erhebliche Gemeinkosten verursache, die man den Produkten nicht zurechnen könne.[293] Hier trifft er sich mit Malik, der insbesondere die Matrix-Organisation als Gefahr für die Produktivität bezeichnet.[294]

Das Gegenteil von Einfachheit ist das Giesskannenprinzip.

Es beruht auf der trügerischen Hoffnung, dass ein Maximum an Massnahmen maximale Wirkung erzielt. Erstaunlicherweise ist das Risiko, dass wir im täglichen Leben in diese Falle treten, geringer als im Beruf. Ein Golf-Pro, der Ihnen Tipps für die Verbesserung Ihres Schwungs gibt, wird sich auf einen oder zwei Punkte beschränken. Würde er Ihnen simultan zehn Punkte zur Verbesserung empfehlen, würden Sie sich in dieser Vielfalt verlieren. Das leuchtet Ihnen sofort ein. Wenn aber eine Unternehmung mit Stolz ein Programm mit 143 Massnahmen präsentiert, findet das kaum jemand störend. Ebenso wenn eine Schule für die Beurteilung einen Bogen mit 40 Indikatoren verwendet. Die Offiziere aller Armeen der Welt haben seit Jahrhunderten gelernt, dass die Wirkung eines Flächenfeuers wesentlich geringer ist als das gezielte Einzelfeuer. Das Giesskannenprinzip verschleudert Ressourcen, vermindert die Wirkung und vernebelt die Kommunikation. Konzentration ist überall wichtig, meint Malik, aber nirgends sei die Gefahr der Verzettelung und der Zersplitterung der Kräfte grösser als im Management. Diese Zersplitterung sei vielerorts institutionalisiert und hoffähig, sie werde nicht selten gar als Zeichen besonderer Dynamik aufgefasst.

Warum fällt es so schwer, das seit Jahrtausenden anerkannte universelle Prinzip der Einfachheit umzusetzen? Es gibt mehrere Ursachen. Eine wichtige Rolle spielt der *Fluch des Wissens* (s. Kapitel 1). Je mehr wir wissen, desto schwerer fällt es selbst hochintelligenten und fähigen Menschen, sich auf die wenigen, wirklich wesentlichen Punkte zu konzentrieren. Das ist ein echtes Problem. Wenn es 10 000 Stunden Auseinandersetzung mit einer Materie braucht, um Sachverstand zu erwerben, führt das mit der Zeit zu sehr viel Faktenwissen. Dieses Wissen führt zum unverzichtbaren Sachverstand. Mit dieser Problematik haben die unterschiedlichsten Bereiche zu kämpfen. Ein Journalist beginnt seine Arbeit mit einer Recherche. Je umfassender, desto besser. Je mehr Fakten, umso schwieriger, sich auf das Entscheidende zu fokussieren. Deshalb dieser Befund: «Das Hauptproblem von

Blattmachern und Redaktoren: Sie wissen zu viel.... Was im Rechercheprozess von Vorteil ist, wird bei der Suche nach der perfekten Aufmachung zur Falle.»[295]

Ich habe die Erfahrung gemacht, dass die Fähigkeit, auf den Punkt zu kommen, die grösste Schwäche von vielen ansonsten hervorragenden Führungskräften ist. Folgendes Szenario habe ich immer wieder erlebt: Endlich hat man die Gelegenheit, auf die man so lange gewartet hat – eine Präsentation vor dem Europäischen Parlament, eine Präsentation vor der Ministerin – und gerade mal 15 Minuten Zeit, um diese Chance zu packen. Zur Vorbereitung erhalte ich zwanzig Charts, vollgestopft mit allem, was man weiss. Der sicherste Weg, um alle Wirkung verpuffen zu lassen. Gerade jetzt erreicht mich wieder eine Mail von jemandem, der mich in einer Sache überzeugen will. Mit neun Anhängen. Ich werde sie nicht öffnen. Wer nicht in der Lage ist, seine Botschaft auf die wenigen wirklich essenziellen Punkte zu reduzieren, vergibt die einmaligsten Chancen.

Nur wer über die Fähigkeit zur Mustererkennung und den Mut zur Reduktion auf das Wesentliche verfügt, ist in der Lage, das Wesentliche vom Unwesentlichen zu trennen. Goethe mag an die unermüdlichen Faktensammler gedacht haben, als er eine seiner Weisheiten formuliert hat: «Es verdriesst die Menschen, dass das Geniale so einfach ist.»

Ist das der Grund für die «oft tief sitzende Angst der Manager vor dem Einfachen»?[296]

Es kann auch mit der Mehrdeutigkeit des Wortes *einfach* zu tun haben. Einfach wird sowohl im Sinne der *genialen Einfachheit* wie im Sinne von *einfaches Gemüt* verwendet. Einfach gelangt dadurch terminologisch in die Nähe von *einfältig*. Die Angelsachsen sind präziser. Sie sprechen in diesem Falle von «simple minded». «Simplicity», auch das französische «simplicité» sind positiv belegte Begriffe. Die Einfachheit, von der wir hier sprechen, wird im Englischen mit dem illustrativen Begriff «sophisticated simplicity» besonders plastisch umschrieben.

«Einfachheit ist das Gegenteil der Doppeldeutigkeit, der Kompliziertheit, der Überheblichkeit», schreibt der Philosoph Comte-Sponville und ergänzt: «Einfachheit ist nicht Einfalt.»[297] Einfachheit sei gesunder Menschenverstand und Vernunft, das Gegenteil von Selbstverliebtheit, Überheblichkeit und Selbstgefälligkeit. Deshalb hat Comte-Sponville die Einfachheit in seinen Tugendkanon aufgenommen.

Ein besonderer Menschenschlag sind die Bürokraten und Technokraten. Ihnen geht nicht nur die Leidenschaft ab, sondern auch die Fähigkeit, sich auf Wesentliches zu konzentrieren. Sie meiden das Risiko und sind die Treiber der Bürokratie. Die Angst vor dem Risiko führt dazu, dass wir uns «zu Tode koordinieren».[298] Einen speziellen Typ von Technokraten hat die Mode des «process engeneering» hervorgebracht: Menschen, die mit der Überzeugung agieren, dass sich auch soziale Systeme wie Maschinen steuern lassen. Was ein fataler Irrtum ist. Zudem führt exzessives «process engeneering» zu einer Zergliederung der Prozesse auf Kosten der Verantwortlichkeit für den Gesamtprozess. Schliesslich gibt es noch die Kategorie der Mikromanager. Die können durchaus mit viel Sachkenntnis und Leidenschaft am Werk sein, nur sehen sie vor lauter Bäumen den Wald nicht. All diese Menschen können wertvolle Arbeit leisten. Nur sollte man sie nicht mit allzu viel Verantwortung versehen.

Ein letztes Hindernis auf dem Weg zur Einfachheit ist ein Statusproblem. In der akademischen Ausbildung lernt man eine sogenannt wissenschaftliche Sprache, die Kompliziertheit zum Ritual erhebt. Die so verstandene wissenschaftliche Sprache gehört zum Imponiergehabe. (Übrigens selten so radikal wie während der Studentenbewegung in den 1960er-Jahren. Je unverständlicher man sich ausdrückte, desto höher stand man im sozialen Ranking.) Dass man nicht verstanden wird, ist aus dieser Sicht kein Problem, es unterstreicht die Exklusivität des Sprechenden oder Schreibenden. Der Princeton-Professor Danny Oppenheimer versuchte diesen weitverbreiteten Mythos über den Gebrauch vermeintlich eindrucksvoller Vokabeln zu widerlegen. Im Artikel «Folgen des Gebrauchs von Fachjargon ungeachtet der Notwendigkeit: Probleme, die dadurch entstehen, dass man unnötigerweise lange Wörter benutzt» zeigt er, dass «es ein Anzeichen geringer Intelligenz und Glaubwürdigkeit ist, wenn man geläufige Ideen in einer hochtrabenden Sprache formuliert».[299]

Vom Fluch des Wissens kann man sich befreien, auch vom Dünkel einer (pseudo)akademischen Sprache. Die anderen Kategorien sind eher hoffnungslos. Dem Rechnung tragend, sollte man zumindest verhindern, dass Bürokraten, Technokraten und Mikromanagern strategische Funktionen übertragen werden.

Wir haben gesehen, dass der Erkenntnisprozess auf der Filterung irrelevanter Details beruht (s. Kapitel 2). Sich auf das Wesentliche zu konzentrieren, kann überlebenswichtig sein. Wenn der Patient eine starke Blutung hat, konzentriert sich zuerst alles auf die Blutstillung. Gerät eine Institution in eine Krise, geschieht dasselbe. Plötzlich ist alles anders. Der Ruf nach Einfachheit ist nicht mehr nur ein Postulat, sondern eine unbedingte Notwendigkeit. Wer hier nicht in der Lage ist, zu fokussieren, geht unter. Was das Blut beim Patienten, ist die Liquidität bei einer Institution. Die tatsächliche oder gemachte Komplexität eines Geschäftes wird irrelevant. Es geht nur noch um Liquidität, Kosten und Eigenkapital. Deshalb haben Krisen, wenn sie überstanden werden, eine reinigende Wirkung. Daran mag Max Frisch gedacht haben, als er seine viel zitierte Aussage formulierte: «Die Krise ist ein produktiver Zustand, man muss ihr nur den Beigeschmack der Katastrophe nehmen.»

Auf einen Blick

Mustererkennung kann man lernen. Voraussetzung dazu ist ein gewisses Talent und ein effektiver Lernprozess.

Erfahrung allein ist nicht ausreichend. Man kann eine Sache auch jahrelang falsch machen. Es kommt auf die Qualität des Lernprozesses an.

Ob im Schach oder bei anderen komplexen Problemstellungen: Die Fähigkeit zur Mustererkennung unterscheidet den Meister vom Amateur.

Es sind vor allem drei Eigenschaften, die gute Führung auszeichnen: Sachverstand, Leidenschaft und Einfachheit.

Einfachheit reduziert die Komplexität auf wenige, aber entscheidende Variablen.

Der Fokus auf wenige, aber entscheidende Variablen ermöglicht einen konzentrierten Ressourceneinsatz.

Einfachheit ist die Voraussetzung für überzeugende Kommunikation.

Mustererkennung allein reicht nicht aus. Es braucht Mut, sich auf weniges zu konzentrieren.

8. Auf den Punkt kommen

> «Man traut Angela Merkel zu, die Komplexität der Möglichkeiten auf ein Mass zu reduzieren, das den Einzelnen in seiner Umwelt handlungsfähig bleiben lässt.» *Jacqueline Boysen*

Reduktion ist die Essenz der Einfachheit.

Reduktion ist ein Überlebensprinzip. Ohne Reduktion auf das Wesentliche verlieren wir uns im Meer der unendlichen Vielfalt. Erkenntnis, Sprache und Intuition beruhen auf der Filterung des Wesentlichen vom Unwesentlichen.

Reduktion ist ein ästhetisches Prinzip. Seine Wirkung erzielt es durch Leerräume, die den Blick auf das Wesentliche frei machen und die Phantasie anregen.

Reduktion ist ein ökonomisches Wirkungsprinzip. Die Konzentration auf das Wesentliche ermöglicht die Bündelung von Ressourcen und erzielt optimale Wirkung.

Was ist das Wesentliche? Für die Antwort auf diese Schlüsselfrage braucht es den «coup d'œil», die Fähigkeit, Muster zu erkennen. Wer das Muster erkennt, dem erschliesst sich ein Raum von Handlungsmöglichkeiten. Deshalb ist Mustererkennung eine so überragend wichtige Fähigkeit. Deshalb spricht der Psychologe Gary Klein in diesem Zusammenhang von «der Macht (sic!), Hebelpunkte zu erkennen». Wer Macht hat, verfügt über Gestaltungskraft. Wer Muster erkennt, erschliesst sich die Hebel für die Gestaltung. Das sind die Punkte, so Klein, «an denen man mit relativ geringem Aufwand eine grosse Wirkung erzielen kann».[300]

Die Welt verstehen, heisst ihre Muster erkennen. Sprache beruht auf der unbewussten Fähigkeit, im Verschiedenen das Gleiche wiederzuerkennen und es zu benennen.[301] Ein Muster ist immer eine Vereinfachung. Aristoteles erkannte, dass jedem Ding unterschiedliche Eigenschaften zugeordnet werden können, davon haben einige wenige (das Gleiche) eine dominierende Stellung (Grundmerkmal). Für die Einteilung der Dinge aufgrund dieser dominierenden Eigenschaften gibt es viele Namen: Kategorisierung, Klassifikation, Systematisierung, Strukturierung, Taxonomie, Typologisierung. Mit diesen Instrumenten werden hierarchische Systeme definiert und Begriffe eingeführt, die uns die Welt verstehen lassen. Zum Beispiel die Kategorisierung der Tiere in Wirbeltiere und wirbellose Tiere, die Wirbeltiere in Säugetiere, Vögel, Fische, Kriechtiere und Lurche, die Säugetiere in …

Wir haben im Verlaufe dieses Buches erfahren, dass das Prinzip des Reduktionismus praktisch alle Wissenschaften, Lehren und Künste durchdringt: Philosophie, Mathematik, Psychologie, Ökonomie, Soziologie, Entscheidungstheorie, Strategieentwicklung, Malerei, Literatur, Architektur, Rhetorik. Die Psychologie hat uns gelehrt, dass wir ohne das unbewusste Speichern von Mustern nicht in der Lage wären, nach dem System 1 (s. Kapitel 2) zu entscheiden. Und damit wären wir nicht lebensfähig. Darum: *Einfachheit* ist ein allgemeines Lebensprinzip; *Mustererkennung* ein unerlässliches Instrument auf dem Weg zur Einfachheit.

Wie kann man Mustererkennung erlernen? Unabdingbar ist die *Sensibilität* für das Thema. Zweitens eine *Haltung*, die immer nach der Einfachheit sucht. Drittens die *Bereitschaft*, ein Leben lang daran zu arbeiten. Viertens *Methoden*. Und fünftens die Bereitschaft, unentwegt gegen *Einfachheitskiller* zu kämpfen.

Wenn Sie dieses Buch bis hierher gelesen haben, ist die Wahrscheinlichkeit gross, dass sich Ihre Sensibilität dem Thema gegenüber verfestigt oder gar gesteigert hat. Wenn sich diese Sensibilität zur Überzeugung wandelt, sind Sie bereit, sich dem Prinzip «Weniger ist mehr» zu verschreiben. Sie beginnen, sich systematisch die Frage zu stellen: Was ist wirklich wichtig? Sie lassen auch in der Hektik des Alltags diese obersten Prioritäten nicht aus den Augen. Sie reflektieren Ihr eigenes Verhalten. Weil Sie das Thema interessiert, suchen Sie in allen Lebensbereichen nach guten Beispielen und lernen dabei.

Dann aber kommt die entscheidende Frage: Wie bestimme ich das, was wirklich wichtig ist, damit ich anschliessend Ockhams Rasiermesser ansetzen kann?

Dabei geht es nicht um die intuitiven Entscheidungen im System 1 in der Terminologie von Kahneman, sondern um die wohlüberlegte Wahl zwischen Optionen im System 2 (s. Kapitel 2). Im Zentrum stehen komplexe Entscheidungen. Während meines Studiums der Betriebswirtschaftslehre, also vor langer Zeit, stand die Entscheidungstheorie im Zentrum des Lehrgebäudes. Wir lernten eine Vorgehensweise in sechs Phasen. Am Anfang stand das Formulieren des Zieles, gefolgt von der Entdeckung der Notwendigkeit zu entscheiden, drittens die Analyse des Problems, viertens das Auffinden von Alternativen, fünftens die Ermittlung der Konsequenzen der Alternativen und sechstens die Wahl der optimalen Alternative. Vom Theoretiker zum Praktiker geworden, musste ich erkennen, dass das Vorgehen kaum je in diesem Sinne linear verläuft. Am Anfang steht oft keine klare Zielsetzung, sondern ein diffuses Unbehagen. Es ist in vielen Fällen nicht einmal klar, ob eine Notwendigkeit zu entscheiden besteht.

Deshalb steht am Anfang eines Problemlösungsrozesses immer die *Lageanalyse*. Sie ist der Schlüssel. Im Muster einer Lageanalyse stecken die Antworten auf die Fragen: Gibt es ein Problem? Was ist das Ziel? Welches sind die Hebel für die Gestaltung? Wer diesen Antworten auf der Spur ist, dem erschliesst sich die Lösung – nicht immer, aber in vielen Fällen. Der weise gewordene Schriftsteller, Lyriker, Essayist und Herausgeber Hans

Magnus Enzensberger hat den drei Kategorien von Entscheidungen (s. Kapitel 1) eine vierte hinzugefügt: «die unlösbaren Probleme».[302] Als Beispiele nennt er das Gesundheitswesen oder die Bildungspolitik. Man könnte noch vieles beifügen, zum Beispiel den Hunger in dieser Welt oder den Nahostkonflikt. Enzensberger meint, Politik sei zur Kunst des Unmöglichen geworden. Deshalb sollte sich für einen anderen Beruf entscheiden, wer es auf eindeutige Lösungen abgesehen hat. Deshalb muss man sich vor der Ansicht hüten, für jedes komplexe Problem gebe es eine Lösung. In vielen Fällen ist eine Verbesserung der Lage bereits ein Erfolg.

So oder so, eine Lageanalyse ist in jedem Falle unerlässlich. Sie umfasst drei Schritte:

1. Sammlung von Fakten
2. Strukturierung der Fakten
3. Interpretation der Fakten

Die Sammlung von Fakten verlangt ein detektivisches Vorgehen. Je komplexer ein Problem, desto vielfältiger die Quellen. Im Zeitalter des Web 2.0 haben sich diese Quellen vervielfacht, und das Recherchieren ist einfacher geworden. Es geht um Historie, Vorkommnisse, Dokumente, Gesetzestexte, Zahlen, Abläufe, Auswertung von Medien aller Art, Bücher, Aufsätze, Blogs usw. Diese Informationsbasis kann mit Hearings, Audits, Beobachtungen, Brainstormings, Benchmarks, Analogien usw. ergänzt werden. Wichtig ist, dass man sich bei der Sammlung von Daten keinerlei Einschränkungen unterwirft und auch Dinge auflistet, die man als selbstverständlich ansieht.

Das Strukturieren der Daten ist der Schlüssel für das weitere Vorgehen. Die beiden Methoden von Richard Koch (s. Kapitel 1 und 6), die 80/20-Analyse und das 80/20-Denken, werden in der Regel kombiniert angewandt. Für das 80/20-Denken braucht es den «coup d'œil» (s. Kapitel 7). Es gibt einige Methoden, die helfen, Ordnung in die Datenflut zu bringen. Häufigkeit ist auch bei nicht quantitativen Daten ein Indiz für die Wichtigkeit eines Phänomens. Eine Mindmap erleichtert die Strukturierung komplexer Tatbestände. Mit einer sogenannten ABC-Analyse werden Tatbestände nach ihrer Bedeutung in Klassen eingeteilt. Man kann die Tatbestände gemäss der Einschätzung ihrer Wichtigkeit rangieren. Schliesslich kann man sich dazu zwingen, die Essenz einer Lageanalyse auf die drei, vier oder fünf wichtigsten Faktoren zu konzentrieren. Das Ergebnis des zweiten Schrittes ist ein Muster.

Die zentrale Frage im dritten Schritt einer Lageanalyse heisst: Warum? Die Antworten darauf ermöglichen die Gewichtung und Beurteilung der Faktoren eines Musters. Die Schritte zwei und drei sind voneinander wechselseitig abhängig. Das erfordert unter Umständen eine oder mehrere Rückkoppelungen in einem sogenannt iterativen Prozess.

Unter dem Stichwort «Mathematik ist Religion» bin ich auf eine Webseite gestossen, die sich mit dem Suchprozess des Mathematikers auseinandersetzt.[303] Dieser Suchprozess verlaufe nicht oder nicht nur rational, sondern in entscheidenden Situationen auch assoziativ und intuitiv. Viele der mathematischen Entdeckungen seien nach einem Muster zustande gekommen:

1. Lange rationale Beschäftigung mit einem Thema.
2. Ruhepause, Ablenkung (Bereicherung durch eine bunte Welt).
3. Mitten in Letztere hinein der entscheidende Funken, der Musenkuss, das Heureka.

Musenkuss und Heureka sind nochmals andere Worte für «coup d'œil». Man kann diese Vorgehensweise durchaus auch für die Lageanalyse empfehlen (sofern genügend Zeit vorhanden ist). Tatsächlich spielen Assoziationen oft eine wichtige Rolle. Deshalb die Empfehlung, sich durch eine bunte Welt bereichern zu lassen. Oder anders herum: sich nicht nur für seinen engen Fachbereich zu interessieren. In der Intuition spiegelt sich die gesammelte Erfahrung (s. Kapitel 2). Mit der Wechselwirkung von Intensität und Abstand hat sich auch der Psychologe und Nobelpreisträger Daniel Kahneman auseinandergesetzt. Sein Instrument zur Erhöhung der geistigen Agilität ist der Spaziergang. Als unermüdlicher Experimentierer hat er das optimale Tempo ermittelt: etwa fünf Stundenkilometer. «Die besten Einfälle meines Lebens hatte ich auf gemütlichen Spaziergängen.»[304]

Die gleiche Methode hat mit ebenso grossem Erfolg Steve Jobs angewandt. Wenn er vor einem komplexen Problem stand, ist er, meist zusammen mit einem Gesprächspartner, spazieren gegangen.

Gewalt im Fussball ist ohne Zweifel ein komplexes Problem. In den 1980er-Jahren erschütterten drei Katastrophen die Welt. Am 11. Mai 1985 verbrannten auf einer Holztribüne in Bradford 56 Zuschauer. Nur 18 Tage später starben beim Europapokal-Endspiel im Heysel-Stadion zwischen Juventus Turin und dem FC Liverpool in Brüssel 39 Menschen, 454 wurden verletzt. Der traurige Höhepunkt und schliesslich auch Wendepunkt dieser Entwicklung fand 1989 im Hillsborough Stadion in Sheffield statt. Wie in Brüssel war wieder der FC Liverpool betroffen. Im übervollen Fanblock von Liverpool brach Panik aus. Die Bilanz war schrecklich, es waren 96 Tote und 766 Verletzte zu beklagen. Zum Gedenken an die Verstorbenen steht seither über dem Eingang im Stadion an der Anfield Road der Schriftzug: «You'll never walk alone.»

Seither haben sich zwar keine Ereignisse in diesem Ausmass mehr ereignet, das Thema hat sich aber globalisiert. Kaum eine Liga, die nicht mit dem Phänomen zu kämpfen hat. Die Kosten für die Sicherheit sind exorbitant und Quelle einer ständigen Auseinandersetzung zwischen den Clubs und den Behörden. Bereits als Bahnchef hatte ich mit dieser leidigen Angelegenheit zu tun, haben die Fans doch immer wieder Bahnwagen demoliert. Noch direkter konfrontiert wurde ich als Delegierter der Schweizer Regierung für die Fussball-Europameisterschaft 2008 in der Schweiz und Österreich. Meine Dokumentation zum Thema ist seither unablässig gewachsen. Eine umfassende Lageanalyse ist mir aber noch nie unter die Augen gekommen. Das ist wohl auch der Grund, weshalb die Massnahmen, die hier und dort ergriffen wurden, Stückwerk geblieben sind.

Stellen wir uns in einem Gedankenexperiment vor, dass wir dieses Problem systematisch angehen wollen. Als Erstes sammeln wir Fakten. Davon gibt es enorm viel. Für die Strukturierung dieser Daten haben wir keinen Algorithmus zur Verfügung. Man kann sich schwer vorstellen, dass eine statistische Analyse sehr viel weiterhilft. Kommt also das 80/20-Denken zum Zug. Natürlich sind wir hier nicht in der Lage, für ein derart komplexes Problem aus dem Stand eine umfassende Lageanalyse zu liefern. Ein Element eines Musters lässt sich aber aufgrund der Häufigkeit seines Auftretens unschwer aus der riesigen Datenmenge herausfiltern: die Pyrotechnik, die immer und überall eine bedeutende Rolle spielt. Im Abbrennen von Pyros kristallisiert sich ein wesentlicher Teil des Problems. Einerseits ist das gesetzlich verboten. Der Gebrauch von pyrotechnischem Material kann, vor allem wenn Fackeln und Knallkörper geworfen werden, Leben gefährden. Warum denn spielt das Abbrennen von pyrotechnischem Material eine so zentrale Rolle? Wer hier in die Tiefe steigt, wird in den diversen Fanforen fündig. Die Hardcorefans in der Kurve halten sich selber für die einzige legitime Vertretung einer klassischen Fussballkultur. Pyrotechnik ist ein zentrales Symbol dieser Fankultur. «Wir lieben die Pyrotechnik, so wie wir unsere Zaunfahnen, Choreografien, Gesänge lieben.» Und: «Wir werden sie uns nicht nehmen lassen.» Das sind zwei der (netteren) Formulierungen aus der Kurve.

Wenn wir die Pyrotechnik als Element eines Musters erkannt haben, haben wir einen zentralen Hebelpunkt erkannt. Es gibt nun sachlogisch drei Handlungsmöglichkeiten. Man kann erstens fortfahren wie heute. Damit würde man weiterhin einen ungesetzlichen Zustand tolerieren und seine Ohnmacht manifestieren. Und früher oder später einen gravierenden Unfall riskieren. Man kann zweitens repressiv reagieren. Dazu müsste man die Eingangskontrollen verschärfen und bei gezündeten Pyros mit Sicherheitskräften eingreifen und die Verantwortlichen konsequent sanktionieren. Man kann drittens Pyros unter einschränkenden Bedingungen zulassen. Das würde gesetzliche Anpassungen erfordern. Und man müsste zu einer Übereinkunft mit den Fans und zu einer Art von Selbstkontrolle kommen.

Eine spezifische Art der Lageanalyse erfordert die Definition einer Strategie bzw. den regelmässigen Strategiereview. Die Analyse der drei Faktoren Konkurrenz, Umfeld und eigene Institution führen zu einem Stärken/Schwächen- und Chancen/Risiken-Profil, nach der englischen Terminologie SWOT genannt. Auch hier geht es darum, sich auf die wirklich wichtigen Treiber zu konzentrieren. Erstaunlicherweise wird bei den Strategiediskussionen die Positionierung einer Institution oft vergessen. Dabei geht es in einer erwerbswirtschaftlichen Unternehmung um die entscheidende Frage: Warum soll eine Kundin, ein Kunde bei uns kaufen? Oder in der marketingtechnischen Fachsprache: Was ist unsere Unique Selling Proposition (USP)? Diese Fragen lassen sich nur beantworten, wenn wir über ausreichende Kenntnisse der potenziellen Kundinnen und Kunden verfügen: Was sind ihre Bedürfnisse? Nach welchen Kriterien entscheiden sie? Welche Erfahrungen machen sie mit einem Produkt oder einer Dienstleistung? Welche Assoziationen verbinden sie mit unseren Produkten oder Dienstleistungen? Und vielleicht sogar: Was sind ihre geheimen Wünsche?

Der Versicherungsmarkt ist ein langweiliger Markt. Er ist gesättigt und das Innovationspotenzial ist bescheiden. In einer ersten, vielleicht sogar einzigen Phase des Kontaktes schliesst die Versicherung mit dem Kunden einen Vertrag ab (und erneuert ihn allenfalls). Die Kriterien sind Preis und Umfang der Versicherungsleistung. Zu einer zweiten Phase kommt es, wenn ein Schaden eintritt. Da stehen ganz andere Kriterien im Vordergrund: Erreichbarkeit, Kompetenz, unbürokratische Erledigung, Geschwindigkeit. Der eigentliche Test einer Versicherung findet hier statt. Eine bekannte Versicherung hat aufgrund dieser Analyse ihre Positionierung definiert: «Wir sind die Besten im Schadenfall.» Als einzige grosse Versicherung hat sie ihr dezentrales Agentursystem beibehalten, obwohl damit im Vergleich zur Zentralisierung höhere Kosten anfallen. 90 Prozent der Schadenfälle werden dezentral erledigt. Die kundengerechte Schadenerledigung steht im Zentrum der internen Ausbildung. Nach jedem Schadenfall lässt man den Kunden die Leistung der Versicherung bewerten. Die Qualität der Schadenerledigung wird mittels Umfragen im Vergleich mit der Konkurrenz bewertet.

Dieses System besticht durch seine Einfachheit. Ein einziger Wert ist definiert und wird rigoros gemessen. Aus Fehlern wird systematisch gelernt. Die Versicherung schlägt den Markt regelmässig um mehr als das Doppelte. Ähnlich einfach geht Toyota vor. Das Ziel ist die beste Qualität. Die Messung ist einfach und erst noch kostenlos. Man muss nur die Pannenstatistiken auswerten.

Weniger ist mehr. Das Wenige muss klar definiert und gemessen werden. Was nicht gemessen werden kann, ist nicht relevant.

Wer diesen Massstab anlegt, muss reagieren wie die Architekten in der ersten Hälfte des letzten Jahrhunderts, die gefordert haben: «Weg mit dem Ornament!» (S. Kapitel 4.) Die überflüssigen Ornamente der Institutionen von heute sind Worthülsen und Leerformeln unter Titeln wie Vision, Mission oder Leitbild. Da finden sich Aussagen wie: «Wir folgen einer gemeinsamen Vision: Langfristigen Nutzen für unsere Kunden zu erbringen.» Nach meiner Erfahrung sind solche blutleeren Sätze eher die Regel als die Ausnahme. Es gibt also zu tun.

Dank der Entwicklung von Algorithmen kann selbst etwas so

Kompliziertes wie der sprachliche Ausdruck gemessen werden. Wenn wir einen Text auf www.blablameter.de eingeben, erhalten wir umgehend den *Bullshitindex*, ein Wert zwischen 0 (gut) und 1 (schlecht). Über die Jahre habe ich mich erfolglos darum bemüht, den Studentinnen und Studenten die pseudoakademische Schreibe abzugewöhnen. Bis ich den Blablameter entdeckt habe. Seither wird eine Arbeit mit einem Bullshitindex von grösser als 0,40 als ungenügend bewertet. Die Wirkung ist gewaltig. Nun wird um Klassen besser geschrieben. Das ist ein eindrückliches Beispiel für den Nutzen von Big Data. Man weiss nicht, wie der Algorithmus funktioniert. Man muss es auch nicht wissen. Wenn man damit arbeitet, stellt man fest, dass klare und schnörkellose Sprache gut bewertet wird. Wenn man einen Text misst und einen hohen Index einfängt, lernt man, dass nur Delete und der Neuanfang helfen. Ich habe das Beispiel *geschwätzig* aus dem Kapitel 5 in den Blablameter eingegeben. Den Kommentar zum Bullshitindex von 1,36 möchte ich Ihnen nicht vorenthalten: «Glückwunsch, Ihnen ist es tatsächlich gelungen, unsere Bullshitskala von 0–1 zu sprengen! Diesen Text tut sich ein Leser wohl nicht freiwillig an, aber uns haben Sie beeindruckt.

Wenn Sie sich dem in Kapitel 4 umschriebenen Stilideal der knappen, aber umso wirkungsvolleren Prosa annähern wollen, müssen Sie dem Grundsatz «Schreiben heisst Überarbeiten» nachleben. Schreiben Sie eine erste Fassung. Halten Sie die Sätze kurz (Richtgrösse: 20 Wörter). Achten Sie darauf, dass Sie nicht mehrere Gedanken in den gleichen Satz kleiden. Streichen Sie beim Redigieren alles Überflüssige. Redigieren Sie nochmals, Sie werden immer noch Füllwörter finden. Lesen Sie ihren Text mit lauter Stimme. Und schliesslich: Testen Sie Ihren Text mit dem Blablameter.

Gehen Sie gleich vor, wenn Sie eine PowerPoint-Präsentation vorbereiten (einen Bullshitindex für PowerPoint-Präsentationen gibt es leider nicht). Machen Sie zunächst den Fahrstuhltest (s. Kapitel 4), das zwingt Sie dazu, die zentralen Botschaften zu definieren. Nachdem Sie einen ersten Entwurf Ihrer Präsentation gestaltet haben, halbieren Sie die Anzahl der Charts. Streichen Sie in jedem Chart die Hälfte des Inhalts. Wenn noch mehr möglich ist: Tun Sie es!

Sobald eine Institution mehr als einen Menschen umfasst, stellt sich die Frage der Aufgabenteilung. Die Aufteilung einer Gesamtaufgabe in Teilaufgaben nennt man Organisation. Je grösser eine Institution, desto vielfältiger sind die Möglichkeiten der Strukturierung. Die richtige Organisation gibt es in vielen Fällen nicht. Oft geht es darum, unter Würdigung von Vor- und Nachteilen die zweckmässigste Struktur zu ermitteln. Dabei ist die Einfachheit ein zentrales Kriterium. «Spargel, nicht Spaghetti» hat einmal ein CEO von Philips als einprägsames Bild vorgegeben. Spaghetti heisst verschachtelt und komplex. Spargel heisst einfach und klar. Im Zentrum stehen die unzweideutige Zuteilung von Verantwortung und die Minimierung von Schnittstellen. Matrixstrukturen führen immer zu Mehrdeutigkeiten und sind wenn möglich zu vermeiden. Ebenfalls sind Stabsabteilungen auf das unabdingbare Minimum zu beschränken.

Der britische Psychologe Robert Dunbar hat festgestellt, dass zwischen der Gehirngrösse von Säugetieren und der Grösse der Gruppe, in der sie leben, eine starke Korrelation besteht.[305] Aufgrund dieser Korrelation und der Auswertung von anthropologischen Studien ermittelte er für Menschen eine optimale Gruppengrösse von 150 (Dunbar-Zahl). Bis zu dieser Grösse würden die meisten Probleme auf informeller Ebene gelöst. Wenn man weiter wachse, führe das zu komplizierten Hierarchien und Dienstwegen. Als Beispiel für eine Firma, die sich nach diesem Prinzip organisiert, wird immer wieder W. L. Gore & Associates genannt. Der Firmengründer Bill Gore arbeitete bei DuPont, wo in der Produktion Polytetrafluorethylen PTEE anfiel, ein Stoff, für den DuPont keine Verwendung fand. Gore erkannte das

Potenzial von PTEE, gründete eine Firma und nahm 1958 in seiner Garage die Produktion auf. Der Werkstoff Goretex hat die Outdoor-Branche revolutioniert. Bei Gore & Associates, schreibt Malcolm Gladwell in seinem 2000 erschienenen Buch, gebe es keine Chefs, kein Organigramm, kein Budget, keine Umsatzpläne.[306] Dadurch gelinge es der Firma seit Jahrzehnten, sich wie ein kleines Start-up-Unternehmen zu verhalten. Deshalb dürfen einzelne Einheiten nicht über 150 Menschen anwachsen. Das Instrument, um das zu erreichen, ist von bestechender Einfachheit. Für eine Produktionsstätte werden nicht mehr als 150 Parkplätze gebaut. Sobald die Leute anfangen, auf dem Gras zu parkieren, wird eine neue Fabrik erstellt.

Wenn man heute die Webpage von Gore & Associates besucht, kriegt man den Eindruck, Gladwell habe die Firma als Modell etwas idealisiert. Da findet man keinen Hinweis auf die Zahl 150. Die Aussagen über die Firma sind vage. Die einzige finanzielle Kennzahl, die publiziert wird, ist der Umsatz, aber auch nur eine Grössenordnung. Keine Frage, dass in dieser so zurückhaltend publizierenden Gesellschaft die Eigentümer ihre Macht ausüben. Es ist mir auch kein anderes Beispiel einer Institution bekannt, die sich explizit nach der Dunbar-Zahl ausrichtet. Der Managementlehrer Peter Drucker äussert sich zwar nicht ausdrücklich über die Grösse einer organisatorischen Einheit. Seine Empfehlung geht aber in die gleiche Richtung: «Make the maximum use oft the federal principle.»[307]

Die Schaffung von überblickbaren Einheiten, die in einem klar definierten Rahmen über Autonomie verfügen, ist ein probates Mittel, um Organisationen einfach zu halten. Das bedingt ein Grundvertrauen in die Führung dieser dezentralen Einheiten. Ganz im Sinne des Soziologen Luhmann, der Vertrauen als wichtigstes Instrument der Reduktion von Komplexität betrachtet (s. Kapitel 1).

Der grösste Killer der Einfachheit ist eine ausufernde Bürokratie. Bürokratie hat sich zu einem Reizwort entwickelt, obwohl sie die Grundlage moderner Verwaltungsführung ist. Für Max Weber, den ersten Theoretiker der Bürokratie, ist die technische Überlegenheit der Bürokratie gegenüber jeder anderen Form der Grund für ihr Vordringen. Sie zeichne sich durch Präzision, Schnelligkeit, Eindeutigkeit, Aktenkundigkeit, Kontinuierlichkeit, Diskretion, Einheitlichkeit, straffe Unterordnung, Ersparnisse an Reibung, sachlichen und persönlichen Kosten aus. Auch moderne kapitalistische Unternehmungen seien Muster einer straffen bürokratischen Organisation.[308] In der Tat sind geregelte und dokumentierte Abläufe unabhängig vom Typ einer Institution nicht mehr wegzudenken. Die Bürokratie, meint Max Weber, habe allerdings die Tendenz, ihre Macht weiter zu steigern. Das tut sie, und das ist das Problem. Natürlich sind interne Kontrollsysteme unabdingbar. Die Überdehnung von Regeln und standardisierten Abläufen hat aber fatale Auswirkungen. Damit wird nicht nur jede Initiative abgewürgt, sondern auch das Vertrauen als wichtigstes Instrument zur Reduktion der Komplexität untergraben. Dieser Zustand ist dann erreicht, wenn in der Flut von Mitteilungen nicht mehr ersichtlich ist, was wirklich relevant ist.

Toyota trägt dieser Doppeldeutigkeit der Bürokratie – unabdingbar einerseits, wuchernd anderseits – Rechnung, indem zwei Arten von Bürokratie unterschieden werden: die «einengende Bürokratie» und die «befähigende Bürokratie».[309] Einengend heisst starre Durchsetzung von Vorschriften, umfassende schriftliche Regelwerke und hierarchische Kontrollen. Die befähigende Bürokratie geht vom eigenverantwortlichen Mitarbeiter aus, begreift Regeln und Prozeduren als Instrument der Befähigung und setzt die Hierarchie zur Unterstützung ein.

Dem Rechnung tragend, muss eine Institution zwei permanente Aufgaben wahrnehmen: erstens die Bürokratie auf dem notwendigen Minimum halten und zweitens die notwenigen bürokratischen Aufgaben so effizient wie möglich organisieren. Ein

Grund, warum die Bürokratie unaufhörlich wächst, ist die laufende Zunahme ihrer Aufgaben, ohne dass Bestehendes eliminiert wird. Deshalb empfiehlt Peter Drucker systematisches «Abandonment».[310] Fredmund Malik nennt es die «systematische Müllabfuhr».[311] Das entscheidende Wort ist bei beiden *systematisch*. Man muss also einen bürokratischen Prozess definieren, damit die Aufgaben der Bürokratie regelmässig überprüft und bereinigt werden. Der legendäre CEO von General Electric und Manager des 20. Jahrhunderts, Jack Welch, kämpfte während seiner ganzen langen Zeit an der Spitze von GE unablässig gegen die ausufernde Bürokratie. Er wollte die «verfluchte Bürokratie» beseitigen. Er hatte Horror vor den dicken Planungsbüchern, dem «Lebensblut der Bürokratie». Mit seinen Finanzleuten führte er einen jahrelangen Kampf gegen eine übertriebene Datenfülle und zu viele Analysen. Erst als dort das Personal auf die Hälfte verringert wurde, verbesserte sich die Situation. Das wirksamste Instrument, das er gegen die Bürokratie einsetzte, war die «Work-Out-Veranstaltung». Das Vorbild war die traditionelle neuenglische Gemeindeversammlung. In Gruppen von 40 bis 100 Mitarbeitern und in Abwesenheit der Vorgesetzten wurden Probleme der Bürokratie erörtert, insbesondere Genehmigungen, Berichte, Sitzungen und Leistungsmessungen. Mit Unterstützung eines Moderators wurden Probleme definiert und Lösungsvorschläge erarbeitet. Über die Vorschläge wurde auf der Stelle entschieden. So wurden diese Work-Out-Veranstaltungen zum «jüngsten Gericht für die Bürokratie».[312] Wie wir gesehen haben, basierte auch der Erfolg von Gordon Bethune bei Continental Airlines auf einem rigorosen Abbau von Bürokratie (s. Kapitel 7).

Frederick W. Taylor, der Erfinder der wissenschaftlichen Betriebsführung, ist als «Mann mit der Stoppuhr» in die Geschichte eingegangen. Seine akribischen Beobachtungen der Arbeitsabläufe führten zu einem Bürokratieschub in den Unternehmungen. Alle Aufträge wurden schriftlich formuliert. Rückmeldungen hatten ebenfalls schriftlich zu erfolgen. Für jede Arbeit war eine detaillierte, schriftliche Instruktionskarte zu erarbeiten und sämtliche Abläufe wurden standardisiert. Dank dieser Bürokratisierung wurde die Produktivität massiv erhöht. Taylor erkannte aber auch, dass man die Meister und Vorarbeiter von den administrativen Tätigkeiten so weit wie möglich entlasten sollte. Deshalb schuf er das Planungsbüro und besetzte es mit Spezialisten für administrative Abläufe.[313] Heute hört man von vielen hoch qualifizierten Berufsleuten, zum Beispiel von Ärztinnen und Lehrern, dass sie in kaum mehr tragbarem Masse von administrativen Arbeiten in Beschlag genommen werden. Man müsste sich an Taylor erinnern und die unabdingbaren formalen Abläufe so weit wie möglich an effiziente Spezialisten delegieren. Die Wertschöpfung eines Arztes liegt nicht in der Ausführung administrativer Tätigkeiten.

«Zeitersparnis fühlt sich wie Einfachheit an»,[314] heisst eines der Gesetze in *Simplicity* von John Maeda. Wir können davon ausgehen, dass auch die Verwendung unserer Zeit dem 80/20-Prinzip gehorcht. Einen wesentlichen Teil unserer Beschäftigung verwenden wir für Dinge, die keinen fühlbaren Nutzen erbringen. Es ist nicht zu vermeiden, dass der Alltag aus unzähligen Verrichtungen besteht, die zwar nicht von besonderer Wichtigkeit sind, aber doch erledigt werden müssen. Die ständige Erreichbarkeit und Social Media haben diese Hektik des Alltags noch erhöht. Der Fluch der Unterbrechung behindert nicht nur die Konzentration auf das Wesentliche, sondern die Konzentration an sich. Es wird empfohlen, sich während mindestens 20 Minuten ohne Unterbrechung mit nur einem Thema zu beschäftigen. Man muss das erledigen, was zu erledigen ist, aber nicht mehr. Dabei darf man die wirklich wichtigen Dinge nie aus den Augen verlieren. Wirklich wichtige Dinge benötigen Inspiration. Inspiration benötigt Zeit, oft auch Abstand. Die Zeit dafür muss man systematisch planen. Wir haben gesehen, dass es eine wunderbar einfache Massnahme zur Stimulierung unserer Inspiration gibt: den Spaziergang.

Zu guter Letzt gibt es ein uraltes Instrument, das verhindert, dass wir uns im Alltagskram verlieren: die To-do-Liste. Machen Sie eine To-do-Liste für das Jahr, den Monat, die Woche, den Tag. Schreiben Sie die Punkte gross auf und sorgen Sie dafür, dass Ihnen diese Liste immer wieder in die Augen springt. Ihr Arbeit ist erst fertig, wenn Sie die Punkte Ihrer To-do-Liste für den Tag abgestrichen haben.

Zu guter Letzt

Ihre To-do-Liste für den Weg zur Einfachheit

1. «Weniger ist mehr» ist eine Grundhaltung.
2. Lageanalyse: recherchieren, strukturieren, interpretieren.
3. Beschränkung auf wenige Hebel.
4. Delegieren, Vertrauen schenken.
5. Kampf der Bürokratie.
6. Geben Sie jeden Text in den Blablameter ein.
7. Fahrstuhltest vor jeder Präsentation.
8. Pflegen Sie den Spaziergang.

Vergessen Sie nie diese allerletzte Geschichte: Als Steve Jobs zu Apple zurückkehrte, verlangte er von seinen Top-Managern eine Liste mit den zehn obersten Prioritäten. «Wir schaffen nur drei», befand er nach eingehender Reflexion. Mit diesem radikalen Fokus hat er Apple zur wertvollsten Unternehmung der Welt gemacht.[315]

Anmerkungen

1. Der weisse Tod

Einleitendes Zitat: Gibson, William: *Mustererkennung*, München, 2010, S. 33.

1 Der Spiegel 6/2005, S., 142 ff.
2 NZZ 90/2008, S. 13.
3 NZZ 198/2013, S. 56.
4 Wilhelm von Ockham (1288–1347) spätscholastischer Philosoph.
5 Zu Ockhams Rasiermesser: Jan Westerhoff in www.philosophisches-woerterbuch.de (Zugriff 18. 2. 2014).
6 Munter, Werner: *Menschen und Horizonte,* Radiosendung auf DRS 1 am 12. 2. 2009.
7 Munter, Werner: *Reduktionsmethode. Vom Minutenentscheid zum synthetischen Bericht*, in *Berg & Steigen* 4/01.
8 Eidg. Institut für Schnee- und Lawinenforschung SLF, Jürg Schweizer und Jules Seiler: *Der Lawinenniedergang in Evolène vom 21. Februar 1999 unter besonderer Berücksichtigung der Auswirkungen des Gerichtsverfahrens auf die Arbeit der Lawinendienste.*
9 Kahneman, Daniel: *Schnelles Denken – Langsames Denken*, München 2011, S. 263 ff.
10 A. a. O., S. 275 ff.
11 A. a. O., S. 275 ff.
12 A. a. O., S. 278.
13 Harvard Business Review December 2006.
14 NZZ 105/2013, S. 25.
15 Das Drama der Experten, www.tagesanzeiger.ch, 8. 4. 2011 (Zugriff 8. 4. 2011).
16 Klein, Gary: *Natürliche Entscheidungsprozesse*, Paderborn, 2003, S. 185, 192.
17 Taleb, Nassim Nicholas: *Der Schwarze Schwan*, München 2008, S. 286.
18 A. a. O., S. 267 f.

19 A. a. O., S. 279.
20 A. a. O., S. 285.
21 A. a. O., S. 275.
22 Koch, Richard: *Das 80/20-Prinzip. Mehr Erfolg mit weniger Aufwand*, Frankfurt 1998.
23 Taleb, a. a. O., S. 286.
24 Schneider, Erich: Einführung in die Wirtschaftstheorie, Tübingen 1962, S. 168 ff.
25 Koch, a. a. O., S. 15.
26 Das Magazin 01/2014, S. 21.
27 Drucker, Peter: *The Daily Drucker*, New York 2004, S. 311.
28 Malik, Fredmund: *Führen, Leisten, Leben. Wirksames Management für eine neue Zeit*, Stuttgart und München 2003, S. 101 ff.
29 Koch, a. a. O., S. 40.
30 Gigerenzer, Gerd: *Bauchentscheidungen*, München 2008, S. 26.
31 Clausewitz, Carl von: *Vom Kriege*, Stuttgart 2005, S. 66 f.
32 Goleman, Daniel: *Working with Emotional Intelligence*, New York 1998, S. 33.
33 Weibel, Benedikt: *Bayes'sche Entscheidungstheorie*, Bern 1978.
34 Taleb, a. a. O., S. 95.
35 Gawande, Atul: *Checklist-Strategie: Wie Sie die Dinge in den Griff bekommen*, München 2013, S. 63 f.
36 Luhmann, Niklas: *Soziale Systeme* (Reihe «Klassiker Auslegen», Hrsg. Detlef Horster), 2013, S. 65.
37 Luhman, Niklas: *Vertrauen. Ein Mechanismus der Reduktion sozialer Komplexität*, Stuttgart 2000.
38 A. a. O., S. 1.
39 A. a. O., S. 9.
40 A. a. O., S. 31.
41 A. a. O., S. 84.
42 Kandel, Eric: *Zeitalter der Erkenntnis*, München 2012, S. 16 und 591 f..
43 Kandel, Eric: *Auf der Suche nach dem Gedächtnis*, Hamburg 2006, S. 19 ff.
44 Der Spiegel 23/2008, S. 176.
45 Kandel, *Zeitalter*, a. a. O., S. 456.

2. Von Feuerwehrkommandanten lernen

Einleitendes Zitat: Gladwell, Malcolm: *Blink! Die Macht des Moments*, München 2009, S. 36.

46 Klein, a. a. O., S. 52 ff.
47 A. a. O., S. 69 ff.
48 Gladwell, *Blink!*, a. a. O., S. 22, 234.
49 Schlink, Bernhard: *Die Heimkehr*, Zürich 2006, S. 79 f.
50 Kahneman, a. a. O., S. 33.
51 Gigerenzer, a. a. O., S. 27.
52 A. a. O., S. 15.
53 Kandel, *Zeitalter*, a. a. O., S. 274.
54 A. a. O., S. 26.
55 A. a. O. S. 66 ff.
56 *Der Hirnforscher Eric Kandel – Auf der Suche nach dem Gedächtnis*, ein Film von Petra Seeger, Berlin 2009.
57 Kandel, *Auf der Suche*, a. a. O., S. 70.
58 Kandel, *Auf der Suche*, a. a. O., S. 161 ff.
59 Kandel, *Zeitalter*, a. a. O., S. 278.
60 Klein, a. a. O., S. 212.
61 Villani, Cédric: *Das lebendige Theorem*, Frankfurt 2013, S. 224 f.
62 Hofstadter, Douglas R.: *Gödel, Escher, Bach. Ein Endloses Geflochtenes Band*, Stuttgart 1979, S. 41.
63 Comte-Sponville, André: *Ermutigung zum unzeitgemässen Leben. Ein kleines Brevier der Tugenden und Werte*, Hamburg 2010, S. 191.
64 Bruner, Jerome S. (Hrsg): *Lernen, Motivation und Curriculum*, Frankfurt 1974, S. 91.
65 Gobet, Fernand: *Psychologie du talent et de l'expertise*, Bruxelles 2012, S. 126.
66 Kandel, *Zeitalter*, a. a. O., S. 237.
67 Munter, Werner: NZZ 264/2010, S. 63.
68 Kandel, *Zeitalter*, a. a. O., S. 324 f.
69 A. a. O., S. 341.
70 A. a. O., S. 357.
71 A. a. O., S. 407.
72 Darwin, Charles: *Der Ausdruck der Gemütsbewegungen bei dem Menschen und den Tieren*. Kritische Edition mit Einleitung, Nachwort und Kommentar von Paul Ekman, Frankfurt 2000.

73 A. a. O., S. XVII f. und 408.
74 A. a. O., S. 413.
75 A. a. O., S. XVII und 416.
76 A. a. O., S. 416.
77 A. a. O., S. 435.
78 NZZ 33/2014, S. 43.
79 Sacks, Oliver: *Das innere Auge*, Hamburg 2010, zu Gesichtsblindheit: S. 110 ff.
80 A. a. O., S. 110 ff.
81 A. a. O., S. 111.
82 Gladwell, Malcolm: *Blink!*, a. a. O., S. 26 ff.
83 Harris, Robert: *Angst*, München 2011, zum Algorithmus VIXAL-4: S. 118, 261.
84 Der Spiegel 15/2013, S. 120 ff.
85 Gladwell, Malcolm: *Tipping Point*, München 2002.
86 A. a. O., S. 60 ff.
87 Gladwell, Malcolm: *Überflieger*, Frankfurt/New York 2008.
88 Zweifel, Thomas D. und Raskin, Aaron L.: *Der Rabbi und der* CEO, Wien 2008, S. 141.
89 Kandel, Zeitalter, a. a. O., S. 591 f.

3. Surreal und schön

Einleitendes Zitat: Mandelbrot, Benoît: *Schönes Chaos. Mein wundersames Leben*, München 2013, S. 467.

90 Naess, Atle: *Die Riemannsche Vermutung*, München 2007, S. 25.
91 Livio, Mario: *Ist Gott ein Mathematiker? Warum das Buch der Natur in der Sprache der Mathematik geschrieben ist*, München 2010.
92 A. a. O., S. 19.
93 A. a. O., S. 10.
94 A. a. O., S. 19, 275 ff., 289 f.
95 A. a. O., S. 289.
96 Gessen, Masha: *Der Beweis des Jahrhunderts. Die faszinierende Geschichte des Mathematikers Grigori Perelman*, Berlin 2013, S. 7.
97 Livio, a. a. O., S. 61 ff.
98 Taschner, Rudolf: *Die Zahl, die aus der Kälte kam. Wenn Mathematik zum Abenteuer wird*, München 2013, S. 193

99 Singh, Simon: *Fermats letzter Satz. Die abenteuerliche Geschichte eines mathematischen Rätsels*, München 2013, S. 14.

100 Taschner, a. a. O., S. 26.

101 A. a. O., S. 90.

102 A. a. O., S. 97.

103 Popper, Karl: *Logik der Forschung*, Tübingen 1971.

104 Hardy, Godfrey Harold: *A Mathematician's Apology*, https://archive.org/details/AMathematiciansApology (Zugriff, 3. 6. 2014, S. 59 ff.).

105 A. a. O., S. 84 ff.

106 Villani, a. a. O., S. 9.

107 Hofstadter, a. a. O., S. 601.

108 Taschner, a. a. O., S. 103 f.

109 Naess, a. a. O., S. 109.

110 Der Spiegel 12/2014, S. 118.

111 Singh, a. a. O., S. 193.

112 Hofstadter, S. 64.

113 Singh, a. a. O.

114 Taschner, a. a. O., S. 109 ff.

115 zitiert nach Naess, a. a. O., S. 166 f.

116 Villani, a. a. O.

117 Larsson, Stieg: *Verdammnis*, München 2007.

118 Singh, a. a. O., S. 87.

119 A. a. O.

120 A. a. O., S. 306.

121 Gessen, a. a. O., S. 25, 59 ff.

122 A. a. O., S. 75.

123 A. a. O., S. 50.

124 A. a. O., S. 39.

125 A. a. O., S. 40.

126 Livio, a. a. O., S. 253.

127 Gessen, a. a. O., S., 129.

128 Id.

129 A. a. O., S. 174 f.

130 Villani, a. a. O., S. 260.

131 A. a. O., S. 261.

132 Gessen, S. 176.

133 A. a. O., S. 164.

134 Der Spiegel online 15.1.2014.

135 Gessen, a. a. O., S. 25 ff.

136 Harris, Robert: *Enigma*, München, 1995, S. 74.
137 Singh, a. a. O., S. S. 187.
138 Nasar, Sylvia: *Genie und Wahnsinn. Das Leben des genialen Mathematikers John Nash*, München 2002.
139 A. a. O., S. 472.
140 Villani, a. a. O., S. 190 f.
141 Nasar, a. a. O., S. 199.
142 A. a. O., S. 130.
143 Villani, a. a. O., S. 191.
144 Singh, a. a. O., S. 101.
145 Harris, a. a. O., S. 69.
146 A. a. O., S. 40 ff.
147 A. a. O., S. 123 f.
148 Livio, a. a. O., S. 201.
149 Mandelbrot, a. a. O., S. 455.
150 A. a. O., S. 9.
151 A. a. O., S. 42 f.
152 A. a. O., S. 174.
153 A. a. O., S. 233.
154 A. a. O., S. 338.
155 A. a. O., S. 301.
156 Mandelbrot, Benoît: *Fraktale – die verborgene Dimension*, DVD, Grünwald 2008.
157 Mandelbrot, a. a. O., S. 355.
158 A. a. O., S. 393.
159 A. a. O., S. 392.
160 A. a. O., S. 467.

4. Lakonisch schlägt geschwätzig

Einleitendes Zitat: Radisch, Iris: *Camus. Das Ideal der Einfachheit*, Reinbek bei Hamburg 2013, S. 326.

161 Isaacson, a. a. O., S. 403.
162 Ueding, Gert: *Klassische Rhetorik*, München 2005.
163 A. a. O., S. 28.
164 A. a. O., S. 69.
165 *Heidermann, Werner: Das Lakonische in neuerer deutscher Literatur,*

www.abrapa.org.br/cd/npdfs/Heidermann-Werner.pdf (Zugriff 19.9. 2013).

166 Zapf, Hubert (Hrsg): *Amerikanische Literaturgeschichte*, Stuttgart 1997, S. 73.

167 A. a. O., S. 185 ff.

168 Der Spiegel, 15/2010, S. 111.

169 Orwell, George: *Politics and the English Language*, 1946, https://www.mtholyoke.edu/acad/intrel/orwell46.htm (Zugriff 22. 10. 2013).

170 Zapf, a. a. O., S. 264 ff.

171 *Wien um 1900. Kunst und Kultur*, Wien 1984, S. 395.

172 NZZ 241/2013, S. 19.

173 Radelfinger, Beat: «Ästhetik des Unterlassens», in: Ars Medici 15/99, S. 920 ff.

174 *Kommissarin Lund – Das Verbrechen*, DVD und CD, Interview mit Sofie Gråbøl, 2013.

175 NZZ 33/2014, S. 33.

176 Ford, Richard: «Der gute Raymond», Vorwort in: Carver, Raymond: *Würdest du bitte endlich still sein, bitte*, Berlin 2001.

177 Carver, Raymond: *Würdest du bitte endlich still sein, bitte*, Berlin 2001, S. 149.

178 Alice Munros neuer Erzählband *Liebes Leben*, Der Bund, 6. Dezember 2013, S. 31.

179 Radisch, a. a. O., S. 25.

180 A. a. O., S. 67.

181 A. a. O., S. 108.

182 A. a. O., S. 137.

183 A. a. O., S. 298.

184 Orwell, a. a. O.

185 Weltwoche 40/2010, S. 34.

186 Wingler, Hans M.: *Das Bauhaus*, Köln 2009, S. 12.

187 Wien um 1900, a. a. O., S. 297.

188 A. a. O., S. 357.

189 Wingler, a. a. O., S. 40.

190 A. a. O., S. 139.

191 NZZ 21/2014, S. 16.

192 NZZ 97/2013, S. 36.

193 Isaacson, a. a. O., S. 24.

194 A. a. O., S. 152 ff.

195 A. a. O., S. 153.

196 Maeda, John: *Simplicity. Die zehn Gesetze der Einfachheit*, München 2007.
197 A. a. O., S. xix
198 Reynolds, Garr: *ZEN oder die Kunst der Präsentation*, München 2008.
199 Isaacson, a. a. O., S. 105.
200 Wien um 1900, a. a. O., S. 400 f.
201 Reynolds, a. a. O., S. 17.
202 A. a. O., S. 61.
203 A. a. O., S. 64.
204 Ueding, a. a. O., S. 23.
205 Reynolds, a. a. O., S. 76.
206 A. a. O., S. 11.
207 A. a. O., S. 107.
208 A. a. O., S. 49.
209 Welch, Jack: *Was zählt. Die Autobiografie des besten Managers der Welt*, München 2005, S. 124 f.
210 Der Spiegel 36/2011, S. 130.
211 Klein, a. a. O., S. 213.
212 A. a. O., S. 271.
213 Saint-Exupéry, Antoine de: *Terre des Hommes*, III: L'Avion, S. 60.

5. Ein Werkzeug für Piloten, Ärzte und Manager

Einleitendes Zitat: Gawande, Atul: *Checklist-Strategie. Wie Sie die Dinge in den Griff bekommen*, München 2013, S. 233.

214 Weibel, Benedikt: *Von der Schublade ins Hirn*, Zürich 2010.
215 Kahneman, a. a. O., S. 280.
216 Gawande, a. a. O., S. 281.
217 A. a. O., S. 20, 23.
218 A. a. O., S. 30, 48.
219 A. a. O., S. 48, 50.
220 A. a. O., S. 51 ff.
221 A. a. O., S. 52.
222 A. a. O., S. 69 ff.
223 A. a. O., S. 92 ff.
224 A. a. O., S. 99 f.
225 Gigerenzer, a. a. O., S. 26 f.

226 Munter, a. a. O.
227 Gawande, a. a. O., S. 108 ff.
228 A. a. O., S. 128 ff.
229 A. a. O., S. 135.
230 A. a. O., S. 141 ff.
231 A. a. O., S. 148.
232 A. a. O., S. 158.
233 A. a. O., S. 211 ff.
234 A. a. O., S. 179.
235 A. a. O., S. 207 ff.
236 A. a. O., S. 210.
237 Schweizerische Ärztezeitung 2013, S. 507 f.
238 NZZ 196/2012, S. 12.
239 Gawande, a. a. O., S. 218.

6. Die grosse Flut

Einleitendes Zitat: Mayer-Schönberger, Viktor und Cukier, Kenneth: *Big Data. Die Revolution, die unser Leben verändern wird*, München 2013, S. 40.

240 Moneyball: Brad Pitt als «lakonischer Reformer», http://www.spiegel.de/kultur/kino/baseball-film-moneyball-ganz-grosser-wurf-brad-pitt-a-812424.html (Zugriff 7. 11. 2013).
241 Gladwell, *Überflieger*, a. a. O., S. 27.
242 The Economist February 27th – March 5th 2010.
243 Mayer-Schönberger/Cukier, a. a. O.
244 A. a. O., S. 20 ff.
245 A. a. O., S. 83.
246 A. a. O., S. 49.
247 Kahneman, a. a. O., S. 254.
248 Taleb, a. a. O., S. 2 ff.
249 Mayer-Schönberger/Cukier, a. a. O., S. 87.
250 NZZ 39/2014, S. 31.
251 ZWÖLF – Fussballgeschichten aus der Schweiz, März/April 2014, S. 52.
252 Das Magazin 05/2014, S. 21.
253 Der Spiegel 4/2014, S. 128.

254 Liker, Jeffrey K.: *Der Toyota Weg. 14 Managementprinzipien des weltweit erfolgreichsten Automobilkonzerns*, München 2007, S. 352 f.
255 NZZ 158/2013, S. 11.
256 Der Bund, 8. April 2013, S. 2.
257 Harris, Robert: *Angst*, a. a. O., S. 139.
258 NZZ 20/20124, S. 1.

7. Le coup d'œil

Einleitendes Zitat: Larsson, Stieg: *Verblendung*, München 2007, S. 596.

259 NZZ 104/2013, S. 25. Detaillierter in: Wounded City: Mogadishu's Epic Journey to Revival, http://www.studentreporter.org/2013/10/wounded-city-mogadishus-epic-journey-to-revival/ (Zugriff 25. 11. 2013).
260 Bethune, G. und Huler, S.: *From Worst to First. Behind the Scenes of Continental's Remarkable Comeback*, New Jersey 1998.
261 Welch, a. a. O., S. 311.
262 Sandberg, Sheryl: Rede am TED-Talk 2010, http://www.ted.com/talks/sheryl_sandberg_why_we_have_too_few_women_leaders.html/ (Zugriff 10. 10. 2013).
263 Der Spiegel 50/2009, S. 177.
264 Gaal, Louis van: Biografie, Dresden 2010, S. 113.
265 Der Spiegel 4/2013, S. 130.
266 Der Spiegel 51/2013, S. 109.
267 Clausewitz, a. a. O., S. 298.
268 NZZ 294/2013, S. 55.
269 Remplein, Heinz: *Psychologie der Persönlichkeit. Die Lehre von der individuellen und typischen Eigenart des Menschen*, München 1967, S. 350.
270 A. a. O., S. 355.
271 Comte-Sponville, a. a. O., S. 191.
272 Übersicht über Intelligenztheorien: Gobet, a. a. O., S. 35 ff.
273 Fluide und kristalline Intelligenz: Psychologie-Lexikon, http://www.psychology48.com/ (Zugriff 4. 10. 2011).
274 Klein, a. a. O., S. 180.
275 A. a. O., S. 181.
276 Der Spiegel 10/2014, S. 129.
277 Gobet, a. a. O., S. 49 ff.
278 A. a. O., S. 50.

279 A. a. O., S. 55.
280 A. a. O., S. 51 ff.
281 A. a. O., S. 52 ff.
282 Der Spiegel 11/2010, S. 124.
283 Sonntags-Zeitung, 24. November 2013, S. 31.
284 Weibel, Benedikt: *Mir nach! Erfolgreich führen vom heiligen Benedikt bis zu Steve Jobs*, Zürich 2012.
285 Oetinger, Bolko von et al., a. a. O., S. 137 ff.
286 A. a. O., S. 143.
287 Id.
288 NZZ Folio 4/2012, S. 22.
289 Isaacson, a. a. O., S. 395 ff.
290 A. a. O., S. 397.
291 Drucker, Peter in: Brandes, Dieter: *Einfach managen. Klarheit und Verzicht – der Weg zum Wesentlichen*, München 2010, S. 169.
292 Brandes, a. a. O.
293 Brandes, Dieter, http://www.spiegel.de/karriere/berufsleben/ehemaliger-aldi-manager-brandes-lehrt-vereinfachung-a-932406.html (Zugriff 18.11.2013).
294 Malik, a. a. O., S, 105.
295 Schweizer Journalist 2012, Supplement: *Bild und Titel – Perfekte Aufmacher*, S. 3.
296 Brandes, a. a. O., S. 73.
297 Comte-Sponville, a. a. O., S. 188 f.
298 Brandes, a. a. O., S. 30.
299 Kahneman, a. a. O., S. 86.

8. Auf den Punkt kommen

Einleitendes Zitat: NZZ 252/2013, S. 7.

300 Klein, a. a. O., S. 141 ff.
301 Kamlah, Wilhelm und Lorenzen, Paul: *Logische Propädeutik. Vorschule des vernünftigen Redens*, Mannheim 1967, S. 51 f.
302 Enzensberger, Hans Magnus in: Spiegel 43/2011, http://www.spiegel.de/spiegel/print/d-81136881.html (Zugriff 22. 1. 2014).
303 http://www.stauff.de/matgesch/dateien/mathreli.htm (Zugriff 17. 8. 2013).

304 Kahneman, a. a. O., S. 55.

305 Gladwell, Malcolm: *Tipping Point – Wie kleine Dinge Grosses bewirken können*, Berlin 2000, S. 208 ff.

306 Gladwell, *Tipping Point*, a. a. O., S. 213 ff.

307 Drucker, a. a. O., S. 254.

308 Weber, Max: *Wirtschaft und Gesellschaft*, Köln 1964, S. 716 f., S. 165.

309 Liker, a. a. O., S. 212.

310 Drucker, a. a. O., S. 7.

311 Malik, a. a. O., S. 373 ff.

312 Welch, a. a. O., S. 197 f.

313 Hebeisen, Walter: *F. W. Taylor und der Taylorismus*, Zürich 1999, S. 35 ff.

314 Maeda, a. a. O., S. 23.

315 Isaacson, a. a. O., S. 447.

Literatur

Bethune, G. / Huler, S.: *From Worst to First. Behind the Scenes of Continental's Remarkable Comeback*, New Jersey 1998.

Brandes, Dieter: *Einfach managen. Klarheit und Verzicht – der Weg zum Wesentlichen*, München 2010.

Bruner, Jerome S. (Hrsg.): *Lernen, Motivation und Curriculum*, Frankfurt 1974.

Clausewitz, Carl von: *Vom Kriege*, Stuttgart 2005.

Comte-Sponville, André: *Ermutigung zum unzeitgemässen Leben. Ein kleines Brevier der Tugenden und Werte*, Hamburg 2010.

Darwin, Charles: *Der Ausdruck der Gemütsbewegungen bei dem Menschen und den Tieren*. Kritische Edition mit Einleitung, Nachwort und Kommentar von Paul Ekman, Frankfurt 2000.

Drucker, Peter: *The Daily Drucker*, New York 2004.

Ford, Richard: Der gute Raymond, Vorwort in: Carver Raymond: *Würdest du bitte endlich still sein, bitte,* Berlin 2001.

Gaal, Louis van: *Biografie*, Dresden 2010.

Gawande, Atul: *Die Schere im Bauch. Mysterien der Medizin*, München 2010.

Gawande, Atul: *Checklist-Strategie. Wie Sie die Dinge in den Griff bekommen*, München 2013.

Gessen, Masha: *Der Beweis des Jahrhunderts. Die faszinierende Geschichte des Mathematikers Grigori Perelman*, Berlin 2013.

Gibson, William: *Mustererkennung*, München 2010.

Gigerenzer, Gerd: *Bauchentscheidungen*, München 2008.

Gladwell, Malcolm: *Tipping Point*, München 2002.

Gladwell, Malcolm: *Überflieger. Warum manche Menschen erfolgreich sind – und andere nicht*, Frankfurt/New York 2008.

Gladwell, Malcolm: *Blink! Die Macht des Moments*, München 2009.

Gobet, Fernand: *Psychologie du talent et de l'expertise*, Bruxelles 2012.

Goleman, Daniel: *Working with Emotional Intelligence*, New York 1998.

Hardy, Godfrey Harold: *A Mathematician's Apology*, auf: https://archive.org/AMathematiciansApology (Zugriff, 3. 6. 2014, S. 59 ff.).

Harris, Robert: *Enigma*, München 1995.

Harris, Robert: *Angst*, München 2011.

Hebeisen, Walter: F. W. *Taylor und der Taylorismus*, Zürich 1999.
Heidermann, Werner: Das Lakonische in neuerer deutschen Literatur, www.abrapa.org.br/cd/npdfs/Heidermann-Werner.pdf (Zugriff 19. 9. 2013).
Hofstadter, Douglas R.: *Gödel, Escher, Bach. Ein Endloses Geflochtenes* Band, Stuttgart 1979.
Isaacson, Walter: *Steve Jobs*, München 2011.
Kahneman, Daniel: *Schnelles Denken – Langsames Denken*, München 2011.
Kamlah, Wilhelm und Lorenzen, Paul: *Logische Propädeutik. Vorschule des vernünftigen Redens*, Mannheim 1967.
Kandel, Eric: *Auf der Suche nach dem Gedächtnis*, Hamburg 2006.
Kandel, Eric: *Zeitalter der Erkenntnis*, München 2012.
Klein, Gary: *Natürliche Entscheidungsprozesse*, Paderborn 2003.
Koch, Richard: *Das 80/20 Prinzip. Mehr Erfolg mit weniger Aufwand*, Frankfurt 1998.
Larsson, Stieg: *Verblendung*, München 2007.
Larsson, Stieg: *Verdammnis*, München 2007.
Liker, Jeffrey K.: *Der Toyota Weg. 14 Managementprinzipien des weltweit erfolgreichsten Automobilkonzerns*, München 2007.
Livio, Mario: *Ist Gott ein Mathematiker? Warum das Buch der Natur in der Sprache der Mathematik geschrieben ist*, München 2010.
Luhman, Niklas: *Vertrauen. Ein Mechanismus der Reduktion sozialer Komplexität*, Stuttgart 2000.
Luhmann, Niklas: *Soziale Systeme* (Reihe «Klassiker Auslegen», Hrsg. Detlef Horster), Berlin 2013.
Maeda, John: *Simplicity. Die zehn Gesetze der Einfachheit*, München 2007.
Malik, Fredmund: *Führen, Leisten, Leben. Wirksames Management für eine neue Zeit*, Stuttgart und München 2003.
Mandelbrot, Benoît: *Schönes Chaos. Mein wundersames Leben*, München 2013.
Mayer-Schönberger, Viktor und Cukier, Kenneth: *Big Data. Die Revolution, die unser Leben verändern wird*, München 2013.
Munter, Werner: Reduktionsmethode – Vom Minutenentscheid zum synthetischen Bericht, in *Berg & Steigen* 4/01.
Naess, Atle: *Die Riemannsche Vermutung*, München 2007.
Nasar, Sylvia: *Genie und Wahnsinn. Das Leben des genialen Mathematikers John Nash*, München 2002.
Oetinger, Bolko von et al.: *Clausewitz – Strategie Denken*, Wien 2001.
Orwell, George: *Politics and the English Language*, 1946, https://www.mtholyoke.edu/acad/intrel/orwell46.htm (Zugriff, 22. 10. 2013).

Popper, Karl: *Logik der Forschung*, Tübingen 1971.
Radelfinger, Beat: Ästhetik des Unterlassens, in: Ars Medici 15/99, S. 920 ff.
Radisch, Iris: *Camus. Das Ideal der Einfachheit*, Reinbek bei Hamburg 2013.
Remplein, Heinz: *Psychologie der Persönlichkeit. Die Lehre von der individuellen und typischen Eigenart des Menschen*, München 1967.
Reynolds, Carr: *ZEN oder die Kunst der Präsentation*, München 2008.
Sacks, Oliver: *Das innere Auge*, Hamburg 2011.
Sandberg, Sheryl: *Rede am TED-Talk 2010*, http://www.ted.com/talks/sheryl_sandberg_why_we_have_too_few_women_leaders.html (Zugriff 10.10.2013).
Scheider, Erich: *Einführung in die Wirtschaftstheorie*, Tübingen 1962.
Singh, Simon: *Fermats letzter Satz. Die abenteuerliche Geschichte eines mathematischen Rätsels*, München 2013.
Schlink, Bernhard: *Die Heimkehr*, Zürich 2006.
Taleb, Nassim Nicholas N.: *Der Schwarze Schwan*, München 2008.
Taschner, Rudolf: *Die Zahl, die aus der Kälte kam. Wenn Mathematik zum Abenteuer wird*, München 2013.
Ueding, Gert: *Klassische Rhetorik*, München 2005.
Villani, Cédric: *Das lebendige Theorem*, Frankfurt 2013.
Weber, Max: *Wirtschaft und Gesellschaft*, Köln 1964.
Weibel, Benedikt: *Von der Schublade ins Hirn*, Zürich 2010.
Weibel, Benedikt: *Mir nach! Erfolgreich führen vom heiligen Benedikt bis zu Steve Jobs*, Zürich 2012.
Weibel, Benedikt: *Bayes'sche Entscheidungstheorie*, Bern 1978.
Welch, Jack: *Was zählt. Die Autobiografie des besten Managers der Welt*, München 2005.
Wien um 1900. Kunst und Kultur, Wien 1984.
Wingler, Hans M.: *Das Bauhaus*, Köln 2009.
Zapf, Hubert (Hrsg.): *Amerikanische Literaturgeschichte*, Stuttgart 1997.
Zweifel, Thomas D. und Raskin, Aaron L.: *Der Rabbi und der CEO*, Wien 2008.

Personen- und Sachverzeichnis

Abstraktion(s) 37
-fähigkeit 122
80/20-
-Analyse 24, 113, 140
-Denken 24, 113, 140
-Lösung 26
-Prinzip/Regel 21 f., 33, 151
Aktionspotenzial 24, 34
Algorithmus 18, 44, 66, 90, 107, 122, 143, 145
Anand, Viswanathan 127
Aplysia 36
Archimedes 51 f.
Ashenfelter, Orley 18
Auffassungsgabe 123

Barnsley, Roger 103, 109
Barra, Mary 74
Barthes, Roland 78
Bauchentscheidung 33
Bauhaus 79 ff.
Bayes, Thomas 25
-'sche Entscheidungstheorie 25
Bean, Billy 103
Behaviorismus 41
Bethune, Gordon 117, 120, 150
Big Data 45, 66, 104 ff.
Boltzmann-Gleichung 55
Bonaparte 121
Boorman, Dan 95
Botschaft 83, 85
Boyle, Robert 56
Boysen, Jacqueline 137

Brandes, Dieter 130
Brandt, Willy 74
Breuer, Josef 34 f.
Bruner, Jerome S. 37
Bullshitindex 146
Bürokratie 148 ff.

Camus, Albert 73, 78
Carlsen, Magnus 127
Carver, Raymond 77
Cavanagh, Patrick 39
Chaostheorie 12
Checkliste 90 ff.
Chunks, Theorie der 126
Cicero 83
Clausewitz, Carl von 25, 82, 120, 123, 129
Clemens, Samuel Langhorne 75
Clooney, George 107
Clusteranalyse 104
Comte-Sponville, André 37, 123, 133
Coup d'œil 25, 120 f., 137, 140
Crowe, Russell 65
Cukier, Kenneth 104 ff.
Curse of Knowledge 19

Darwin, Charles 34, 40 ff.
Data-Mining 104
Drucker, Peter 24, 90, 130, 148, 150
Dunbar, Robert 147

Einfachheit 73, 128 ff., 132 f., 137 f., 145, 147
Einstein, Albert 26, 69 f.
Ekman, Paul 40 ff.
Elisabeth II., Königin 64
ENIGMA 64
Entscheidungstheorie 139
Enzensberger, Hans Magnus 139
Euklid 51, 57
Euler, Leonhard 58, 66
Euwe, Max 125

Facial Action Coding System (FACS) 41 ff.
Fahrstuhltest 83
Falsifizieren 55
Fassungskraft 123
Faustregel 93
Fermat(s)
-Pierre de 57 ff.
-zahl 58
-Vermutung 59 f.
Fibonacci, Leonardo 53
Fluch des Wissens 19, 48, 84, 131, 134
Fokus 24, 129
-angst 48
Follett, Ken 79
Ford, Henry 108
Ford, Richard 77
Fraktale Geometrie 68
Frame, Michael 69
Freud, Sigmund 34 ff., 38
Friedman, Thomas 84
Frisch, Max 134

Gaal, Louis van 119 f., 122
Galilei, Galileo 67
Gardner, Howard 123
Gates, Bill 127
Gawande, Atul 26, 87 ff.
Gesetz der Wenigen 45
Gesichts
-ausdruck 40 ff.
-blindheit 43
Gessen, Masha 52, 61
Gestaltpsychologie 39
Gestaltungskraft 137
Gibson, William 11
Giesskannenprinzip 130 f.
Gigerenzer, Gerd 33, 93, 126
Gladwell, Malcolm 31 f., 43, 45 ff., 122, 124, 127, 148
Glockenkurve 21
Gobet, Fernand 38, 125
Goethe, Johann Wolfgang von 73, 132
Gogh, Vincent van 76
Goleman, Daniel 25, 123
Gore, Bill 147
Gossen
-Hermann Heinrich 22
-'sche Gesetze 22
Gottman, John 43, 128
Gråbøl, Sofie 76
Grass, Günter 74
Grenznutzen 25
-schule 22
Groot, Adriaan de 125 f.
Gropius, Walter 80 f.
Guardiola, Pep 119

Hardy, Godfrey Harold 55, 57, 66
Harris, Robert 44, 64, 66
Heath, Chip und Dan 19
Heidermann, Werner 74
Hemingway, Ernest 75 f., 80
Heuristik 37, 126

Hirod, König 52
Hofmannsthal, Hugo von 76
Hofstadter, Douglas 37, 57
Hokusai 69, 76
Huber, Eugen 74
Hürlimann, Thomas 42, 77

Intelligenz 37
-emotionale 25, 123
-fluide 123 f.
-forschung 123 ff.
-kristalline 123 f.
-multiple 123
Intuition 32 f., 124

Jobs, Steve 73, 81 f., 129 f., 142, 153

Kahneman, Daniel 18, 108, 127, 142
Kandel, Eric 27, 36 ff., 48
Kandinsky, Wassily 80
Karikatur 38 f.
Kasparow, Garri Kimowitsch 127
Kausalität 105, 108, 112
Kawasaki, Guy 82
Kennedy, John F. 84
Kernkompetenzen 24
Klee, Paul 80
Klein, Gary 19, 31 ff., 36, 85, 124, 137
Klima 13
Klimt, Gustav 38
Koch, Richard 21, 24, 113, 140
Kognitionspsychologie 34
Kokoschka, Oskar 38
Kolmogorow, Andrei Nikolajewitsch 63
Kompetenzillusion 18
Komplexitätsreduktion 37, 54
Korrelation 105 f., 108 ff., 147
Kraus, Karl 82
Kreativität 53
Kunze, John 103

Lageanalyse 24, 107, 139 f.
Lakonie 74
Larsson, Stieg 59, 117
Leibniz, Gottfried Wilhelm 66
Livio, Mario 51 f., 61
Loos, Adolf 79, 82
Lorenz, Edward N. 12
Low-hanging-fruit-Effekt 22
Luhmann, Niklas 26, 76, 81

Maeda, John 81, 151
Malik, Fredmund 24, 130, 150
Mandelbrot, Benoît B. 51, 67 ff.
Mandelbrot, Szolem 68
Manet, Edouard 76
Marx, Karl 73
Matisse, Henry 28
Maximizer 34, 126
Mayer-Schönberger, Viktor 104 ff.
Mead, Margaret 41
Meehl, Paul 18
Mies van der Rohe, Ludwig 80 f.
Milieutheorie 41
Millennium-Probleme 60
Moholy-Nagy, László 80
Moore(s)
-Gesetz 104
-Gordon 113
Munro, Alice 77
Munter, Werner 14 ff., 38, 93
Muster 32 ff., 36 ff., 43, 45 f., 48, 52, 55 f., 64 f., 68, 97, 103, 106, 117, 120 ff., 137 ff.

-erkennung 11, 24 f., 28, 37, 82, 106, 121, 124, 127, 137 f.
-von Aktionspotenzialen 34, 36, 44, 46, 48, 121

Naess, Atle 51, 56
Nasar, Sylvia 65
Nash, John 65
Neurowissenschaft 34
Newton, Isaac 37, 67, 121
Novalis 51
Nur, Mohamed Ahmed 117, 120

Ockham(s)
-Rasiermesser 14, 23, 27, 34, 45 f., 78, 120, 139
-Wilhelm von 13
Oppenheimer, Danny 133 f.
Orwell, George 75, 79
Oskar II., König 37
Otelbajew, Muchtarbai 63

Pareto
-Kurve 23
-Prinzip 22, 24, 90
-Vilfredo 20, 68
Pattern 126
-Recognition 25
Penrose, Roger 51
Perelman, Grigori 52, 61 ff.
Pia, Pascal 78
Pitt, Brad 103
Platon 51, 54
Poe, Edgar Allan 75
Poincaré
-Henri 37, 53
-Vermutung 62
Popper, Karl 26, 55
Potenz
-gesetze 21
-turm 54
Power Law 21
Primzahl 56, 67
-zwillings-Vermutung 56
Problem
-einfaches 26
-komplexes 26, 107, 140
-kompliziertes 26, 107
-unlösbares 140
Prosopagnosie 43
Prozesse, kognitive 31
Psychoanalyse 35 f.
Pythagoras 51, 59

Radelfinger, Peter 76
Radisch, Iris 78
Ramanujan, Srinivasa 55
Rationalität, begrenzte 126
Reductio ad absurdum 54 f.
Reduktion(s) 69, 137
-methode 3 x 3 16 f., 93
Reduktionismus 27, 36, 48, 77 f.
Reynolds, Garr 81 ff.
Riemann
-Bernhard 58
-'sche Vermutung 58
Ries, Adam 54
Ryan, Bobby 109

Sacks, Oliver 42 f.
Saint-Exupéry, Antoine de 85
Sandberg, Sheryl 119 f.
Satisficer 33, 126
Schachspiel 124 ff.
Schenkel, Andrea Maria 107
Schiele, Egon 38
Schlemmer, Oskar 80

Schlink, Bernhard 32
Schnitzler, Arthur 38
Schwarzer Schwan 26, 55
Selbstähnlichkeit 69
Seneca 5
Sexton, Brian 94, 99
Shackleton, Ernest 128
Short Story 75 f.
Silver, Nate 113
Simon, Herbert 126
Simons, James 66
Simplicity 132
Simulation, mentale 32
Smart, Geoff 97
Snowden, Edward 105
Soul-Theorem 62
Stichprobe 105
Strategiereview 144
Sullenberger, Chesley B. 96
Summenhäufigkeitskurve 21
System
-1 33, 139
-2 33, 139

Taleb, Nassim N. 20, 26, 108
Taxicab-Zahl 56
Taylor, Frederick W. 150 f.
To-do-Liste 152 f.
Top-down-Bewertung 36
Topologie 61
Toyota 111, 149
Tracking 110
Turing, Alan 64
Twain, Mark 73, 75, 83

Unique Selling Proposition (USP) 144

Verifizieren 55
Vertrauen 27
Villani, Cédric 55, 58, 65
Vinci, Leonardo da 82
Voltaire 73

Wahrheit 54 f.
Weber, Max 149
Welch, Jack 84, 118 ff., 150
Wiles, Andrew 59 f.
Williams, John 107

Zhan, Yitang 56
Zipf
-George Kingsley 20, 23
-sches Gesetz 20, 68

Dank

Hans-Peter Thür, Verlagsleiter von NZZ Libro, ist ein ungemein anregender Partner. Sein Interesse am Thema, seine Belesenheit, seine Neugier und sein Enthusiasmus haben mich angetrieben und immer wieder zu neuen Einsichten geführt.

Es war Zufall, dass ich dem Mathematiker Peter Mürner nach einigen Jahren wieder begegnet bin. Verblüfft hat er mich in der Vergangenheit vor allem als Zauberer Siderato. Er war sofort bereit, mein Mathematikkapitel gegenzulesen, und hat einige Unebenheiten ausgebügelt. Seine Anregungen und Literaturtipps haben mir zu neuen Erkenntnissen verholfen. Übrigens: ich kann www.siderato.ch nur empfehlen!

Alfred Müller ist nicht nur mein Freund, sondern auch mein Hausarzt. Dank ihm habe ich die Bücher von Oliver Sacks gelesen. Wir haben viel über das Kapitel 5, in dem Ärzte eine zentrale Rolle spielen, gesprochen. Dass er mit seiner Geschichte den Abschluss des Kapitels 5 illustriert, ist rabenschwarzes Pech.

Verena ist meine ehrlichste Kritikerin. Sie hat mich immer darauf aufmerksam gemacht, wenn sie den Eindruck hatte, dass der Text den Anspruch «einfach, verständlich und anregend» nicht erfüllte.